摩西奶奶像

做你喜欢做的事，

上帝会高兴地帮你打开成功之门，

哪怕你现在已经 80 岁了。

人生永远没有太晚的开始

［美］摩西奶奶 作品
老姜 张美秀 编译

南海出版公司

你最愿意做的那件事，才是你真正的天赋所在。
You are most willing to do that thing, where is your true talent.

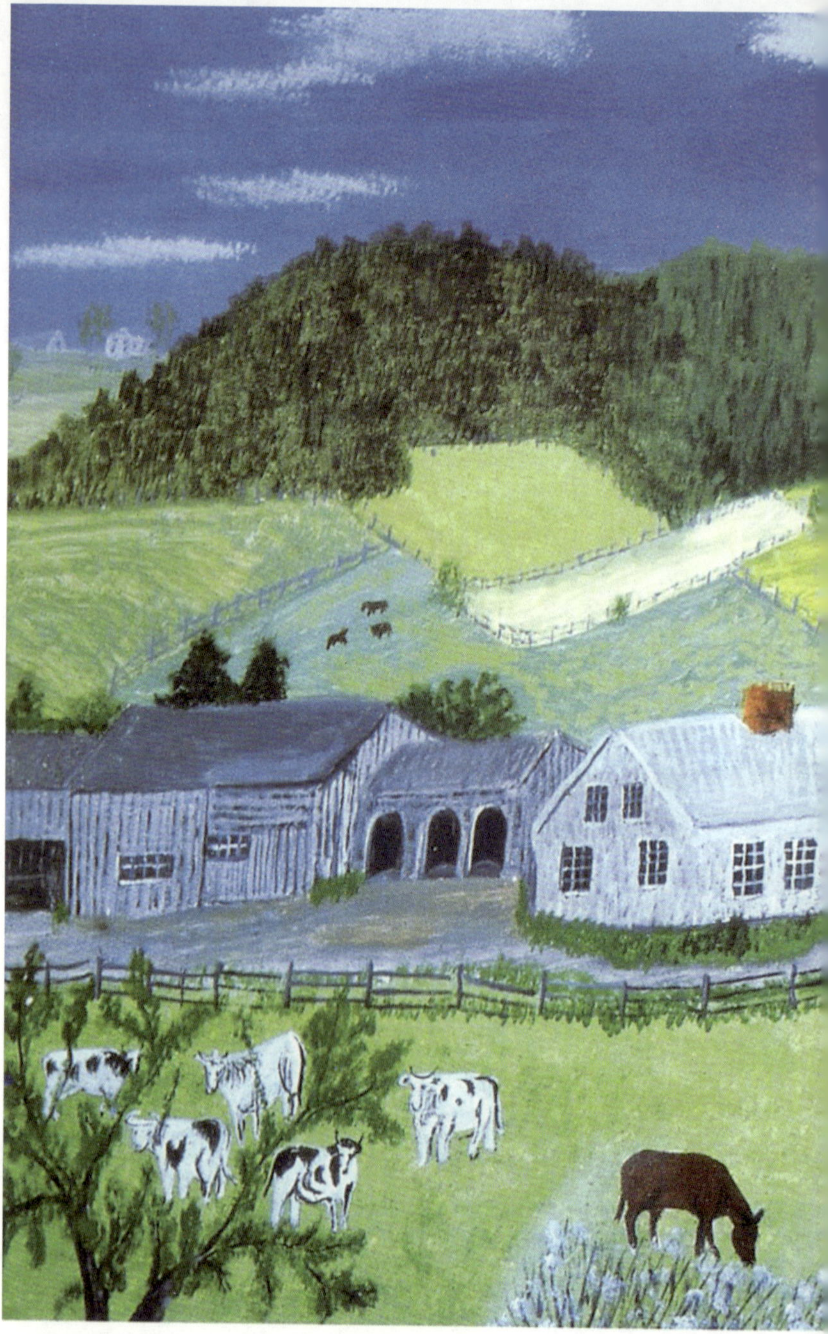

绘画并不重要。最重要的是保持充实。
Painting's not important. The important thing is keeping busy.

回顾过去，我的生命就像是一天的工作，我因它的圆满结束而满意。
我开心而又满足。我认为最好的生活就是充分利用生活所提供的一切。
I look back on my life like a good day's work,
it was done and I am satisfied with it. I was happy and contented,
I knew nothing better and made the best out of what life offered.

有人总说：已经晚了。实际上，现在就是最好的时光。
对于一个真正有所追求的人来说，生命的每个时期都是年轻的、及时的。
People are always saying that it's too late. However, in the fact, now is the best appreciate time. For a man who really want to seek for something, every period of life is younger and timely!

生活是我们自己创造的，一直是，永远都是。
Life is what we make it, always has been, always will be.

出版说明

美国有一位家喻户晓的老奶奶，叫"摩西奶奶"。她出生在美国纽约州格林威治村一个普通的农民家庭，幼时曾读过几年书，后辍学在家，成为一名地地道道的农场女佣。27岁时她嫁给了一个雇农，后生育了10个孩子，但不幸的是5个孩子死于襁褓之中。此后，她的大半生像所有美国家庭主妇一样，忙碌于柴米油盐酱醋茶等日常琐事之中。闲暇之余，摩西喜欢上了刺绣，一直坚持到晚年。

76岁那年，因关节炎复发，摩西不得不放弃刺绣，改为绘画。作为个人喜好，她开始在当地画展零零散散地发表作品，直到有一天，一位收藏家在杂货店橱窗中看到了她的作品，并产生了浓厚的兴趣。接着，在这位收藏家的大力推介下，摩西开始步入美国画坛，慢慢成为一位小有名气的画家。80岁那年，她在纽约举办了个人画展，清新淳朴、充满大自然气息的画作，像旋风一样引起了巨大轰动，一夜之间，摩西奶奶成为美国画坛的重量级人物。

此后，她的画作洛阳纸贵，成为艺术品市场中的热卖点。而摩西奶奶也成为新闻热点，丝毫不亚于当红明星，上百万张来自全国各地的问候卡纷至沓来，各地电台与电视台的采访让她进入千千万万美国家庭。她色彩明快、质朴清新的画作，丰富多彩的晚年生活，轻松乐观的人生态度，受到了冷战时期满腹焦虑的人们的极大喜爱，给浮躁、孤独的人们带来了莫大的安慰。

1961年12月13日，摩西奶奶在纽约州胡希克佛斯逝世，终年101岁。虽然她一生从未接受过正规的艺术训练，但对美的热爱使她爆发了惊人的创作力，在20多年的绘画生涯中，她共创作了1600幅作品，其中大部分作品是个人生活的记录，散发着永恒的光芒。

摩西奶奶去世时，时任美国总统肯尼迪在讣告词中沉痛说道："摩西奶奶的逝世使得美国文化中少了一位深受爱戴的艺术家……全国人民都因她的逝世而悲痛。"四十年后的2001年，华盛顿国立女性艺术博物馆举办"摩西奶奶在21世纪"展览，再次引起巨大反响。

《人生永远没有太晚的开始》是中国大陆首次出版摩西奶奶

作品，书中的画作是从摩西奶奶1600幅作品中精选而出，其中许多作品已成为经典，被一代代喜欢摩西奶奶的人传承下来。为了便于读者对摩西奶奶画作及其美好人生的理解，我们还辅以相应的文字，希望通过这些较为翔实的资料，为广大读者朋友提供更多的阅读空间。

无论是摩西奶奶传奇般的人生经历，还是其清新淳朴的画作，或是她乐观的人生态度，都将给迷茫、困惑甚至绝望的现代年轻人以希望与启示。期望通过阅读本书，能让人们重新发现自我，认识自我，收获内心的宁静，淡定从容地过好每一天。

IV

媒体评论

摩西奶奶的逝世使得美国文化中少了一位深受爱戴的艺术家。她的绘画作品中明快的手法和明亮生动的色彩给我们展示了原始清新的美国风情。她的作品和人生使得整个民族重拾先辈们留下的优良传统,让我们再次想起我们的根在乡村,在边界。全国人民都因她的逝世而悲痛。

——美国前总统 约翰·菲茨杰拉德·肯尼迪

因为她在艺术上的卓越成就,授予她"女性全国新闻俱乐部奖"。

——美国前总统 哈里·S.杜鲁门

我为她在工作和精神上取得的伟大成就而赞叹!

——美国前总统 德怀特·戴维·艾森豪威尔

她是因为对绘画的热爱而绘画的,在她101年的生命之中,她受到了有幸知道她的所有人的喜爱。

目前,在全国没有哪位艺术家比摩西奶奶更受瞩目了。

——美国前副总统,时任纽约州州长 纳尔逊·洛克菲勒

她如蟋蟀一样欢快,即使在她生命的最后几年,她仍然在坚持观察她身边的一切事物,她每天都在坚持画一点画,几乎没有中断。

——《纽约时报》

在上纽约州一栋阳光柔美的农场小屋里,一位性格爽朗的小老太太正在作画。透过窗子,她可以看到休耕的玉米田和番茄田延伸到胡希克河畔,这条河蜿蜒着流向西北方的鹰桥。河两岸生长着成片的无花果树;附近的小山上布满了茂密的桦树和枫树;山间点缀着一片片积了雪的牧草地。摩西奶奶新一天的美好生活开始了。

——《时代》杂志

她的艺术成就包括一千多幅绘画作品。其作品唤起了人们对美国昔日愉悦、生动的乡村生活的向往。

——《生活》杂志

当你非常近距离地去观赏摩西奶奶的画作时，你会看到画作中精巧的变化、简洁的纹理和混合的色彩，这些和色彩的柔和度一起影响着你的视觉。在你的眼中，这幅画的尺度会变大，会让你立刻感受到亲切。于是，美就产生了。

——《纽约客》

这些画作源自摩西的农场生活记忆，多为乡村风俗画，给人质朴清新之感，毫无伤感迟暮之气。

——《世界新闻报》

在19世纪后期和20世纪前期，作为美国乡村画家，她因为对美国乡村生活的质朴描绘而闻名世界。

——《大英百科全书》

作为一位年长的艺术家，摩西在78岁时才开始真正的绘画生涯，并一直坚持到101岁。

——美国新不列颠艺术博物馆

摩西奶奶在本质上是很朴实的，她七十多岁时才开始绘画，在这之前，她一直从事精纺羊毛的刺绣工作。她的绘画之所以取得成功，是因为她有着"从看似没有价值的生活中提取出绘画素材"的能力,这就是露西·利帕德在1978年定义的女性美学的"爱好艺术"。

——艺术史学家 朱斯坦

摩西在成名前一直只是一位民间艺术家,但是,当她成为一位流行画家之后,因为她的作品的大众吸引力使得人们忽略了其艺术价值。

——摩西奶奶研究专家 珍妮·卡里尔

她的作品受人喜爱,清新而又富有魅力,其中充满着天真和孩子气的快乐。

——欧洲评论家

无论在何处,摩西奶奶都能展现出她的个人魅力。她是一位娇小而活力充沛的女士,她灵动的灰色眼睛透露出她的机智。

——一位法国作家

摩西奶奶的作品中散发出轻松乐观的精神,她给我们展示的世界是美好善良的。从她的画里,你能感觉到熟悉,你能理解其中的意思。当今世界的烦躁和神经质似的不安全感使得我们愿意去欣赏摩西奶奶简单而又坚定的世界观。

——一位年轻读者

人人心中都有一个老祖母，住在乡村，会烹调让人长胖的热气腾腾的食物，有慈祥的微笑，当你饿了、累了、倦了，就能回到她那里去。摩西奶奶和她的画满足了人们的这类想象。

——20岁女性读者

生命是一个个奇迹，只要愿意改变就会有无限可能。仰慕摩西奶奶怒放的生命，她的晚年更精彩。

——40岁女性读者

摩西奶奶的风景画能敏锐捕捉到季节、天气和时间的细微差别。她的作品并不仅仅是个人生活的记录和对过往的伤感怀旧，她描绘的是永恒的东西。

——艺术学校老师

世界虽然复杂，她的笔下却永远是天真与单纯，她有一颗不老的心，一双孩童的眼睛，为我们重现了那逝去的美好时光。

——在校学生

摩西奶奶最值得敬仰的地方是，她对生命质量的追求，一息尚存，学习不止，奋斗不息！

——艺术门外汉

唯有一颗阳光之心才能映射出如此明媚的画卷！

——艺术兴趣入门者

从美学趣味上来讲，摩西奶奶的非专业的技法无意中暗合了当时欧洲的大红人毕加索、康定斯基的风格。从心理层面来讲，那些描绘乡村日常生活的画作很好地缓解了工业化带来的紧张感、战争创伤以及人情味的稀缺。

——艺术爱好者

我老了也要当摩西奶奶。

——摩西奶奶的中国粉丝

目录

摩西奶奶生平故事 　　　　　　　　　　　　1

致我的孩子们：一百岁感言 　　　　　　　11

第一章　做你喜欢的事情就对了 　　　　　17
第二章　爱你现在的时光 　　　　　　　　31
第三章　有些路啊，走下去才知道它有多美 　45
第四章　时光且长，一切都来得及 　　　　59
第五章　人生，竟是如此甜美 　　　　　　73
第六章　最浪漫的事是陪你慢慢变老 　　　87
第七章　唯有温暖与爱让我们活下去 　　　99
第八章　我们都将找到表达世界的方式 　　113
第九章　岁月静好 　　　　　　　　　　　125

附：安娜·玛丽·罗伯森·摩西年表 　　　　137
附：安娜·玛丽·罗伯森·摩西入选个人画展 　147
附：安娜·玛丽·罗伯森·摩西入选文献 　　　151

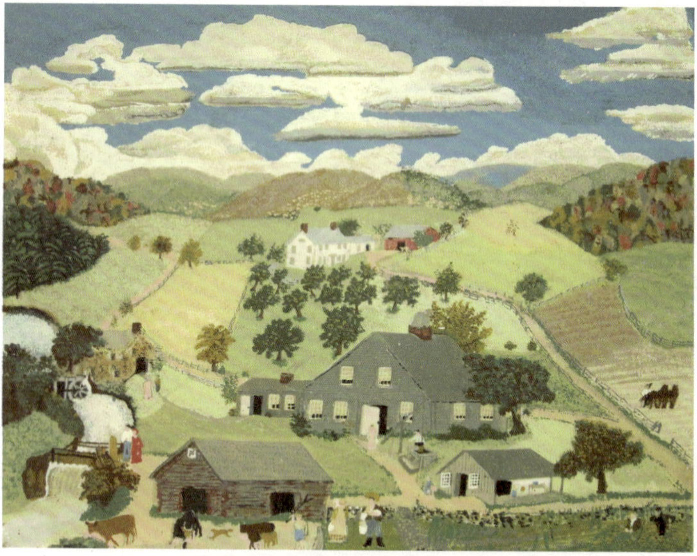

摩西奶奶生平故事

摩西奶奶（Grandma Moses，1860年9月7日—1961年12月13日），本名安娜·玛丽·罗伯森·摩西（Anna Mary Robertson Moses）。她在晚年成为美国最著名和最多产的原始派画家之一，因此，摩西奶奶常被当作自学成才、大器晚成的代表。

安娜·玛丽·罗伯森于1860年9月7日出生在美国纽约州一个叫格林威治的小村庄。她的父亲罗素·金·罗伯森是一个农夫，同时经营着一家亚麻厂。玛丽的五个兄弟帮助父亲照看着亚麻厂和农场，而她和她的四个姐妹则在学习做家务。

在12岁时，安娜·玛丽就开始给附近农场的一个富裕家庭做女佣，帮助该家庭打理家务。接下来的15年里，她一直在做女佣。直到27岁，她遇到了雇农托马斯·萨蒙·摩西，并与其结婚。

1887年，托马斯听说，对于他这样的美国人来说，重建期间的南部是一块充满机会的地方。于是在他们婚礼结束几个小时后，夫妇俩就登上了去北卡罗来纳州的火车。托马斯出发前在那里预约了一份管理牧场的工作。但是，他和他的新娘却在路过弗吉尼亚州的斯汤顿时停下了前行的脚步。在那里，他们留宿了一晚，被劝说承租了当地的一个农场。玛丽·安娜·摩西很快就喜欢上了美丽的雪伦多亚河谷。

　　生活永远都不会那么容易。摩西相信自己的能力，她用自己的积蓄买了一头奶牛，通过制售黄油来贴补家用。后来境况差的时候，她就制售薯片贴补家用。她生了十个孩子，但是只有五个活了下来。他们的家族最终还是繁荣起来，他们赚到了足够多的钱，买了属于自己的农场。

　　从那时起，她就被邻居们称为"摩西妈妈"了。

　　摩西本以为会在弗吉尼亚州快乐地度过余生，但是托马斯想家了。1905年，他劝说妻子回到北方。她和托马斯在离她出生地不远的鹰桥买了一个农场，给农场起名叫作"尼波山"——源于《圣经》预言中摩西消失的那座山。1927年，托马斯因心脏病死于这个农场。

　　摩西并不是一个闲得下来的人。尽管她的孩子们已经长大了，但农场还是有很多工作。后来，她开玩笑说："如果我没有开始绘画，我会去养鸡。"思索了一下，她又说，"或者，我会

在城里租个房间，做烤饼来当晚餐。"

1932年，摩西去离家大约30英里远的本宁顿照顾患结核病的女儿安娜。安娜给她的母亲看了一幅刺绣画，并向她发出挑战，让她制作一幅一模一样的。因此，摩西开始缝制她口中的"最糟糕的刺绣画"，送给任何愿意收留它们的人。

后来，摩西抱怨关节炎使她很难拿稳针，她的妹妹克里斯提亚建议她用绘画替代。各种机缘巧合之下，摩西奶奶的绘画事业开始了。

不久，摩西就画出了很多她生活中根本用不完的画。同她制作的水果罐头和果酱一起，摩西送了一些画作去剑桥乡间展览会。她不无自嘲地回忆道："我的水果罐头和果酱获了奖，但是画作没有。"这时候，摩西的绘画生涯也许本该因失败而结束了。但她非常热爱艺术，她是个理想化的人——纯粹为了艺术而绘画，慢慢地，这成了她的一个小小的嗜好。

1936—1937年，邻近的胡希克佛斯镇的药房老板娘卡洛琳邀请摩西去参加她组织的一个妇女交易商品的活动。那几年，摩西的画作一直摆在药房的窗户旁边，挨着一些工艺品和其他当地主妇制作的物件，布满了灰尘。

1938年的复活节，纽约收藏家路易斯·卡尔多偶然经过这个镇子。卡尔多是纽约市水务部的一名工程师，经常由于工作原因出差旅行。他喜欢寻找各地具有艺术气息的作品，所以药店窗户旁边的画作吸引了他，他请求看看更多的作品，并最终把它们全部买了下来。他还索要到作画者的名字和地址，并且计划去见见作画者本人。

当卡尔多告诉摩西，他能够使她出名的时候，整个摩西家族的人都认为卡尔多疯了。确实，在接下来的几年中，大家的观点被证明是正确的。卡尔多将摩西的画作带到纽约市，四处奔波于各大博物馆和画廊。尽管有些人觉得这些作品很不错，但在听说画家的年龄之后都失去了兴趣。1938年，摩西奶奶已经78岁高龄，看起来已经不值得花费精力和费用去为她组织一场展览。她的寿命预期，让大多数经销商看不到投资会有任何利益可图。

但是，卡尔多没有放弃，1939年他终于有所收获。收藏家西德尼·詹尼斯为了现代艺术博物馆的一场非公开展览，选择了三件摩西的画作。但是，这次展览只对博物馆的内部人员开放，并没有产生多大的影响。

1940年，卡尔多将目光放在了圣艾蒂安画廊，这是一家由来自维也纳的移民奥托·卡里尔新近建立的画廊，专门展示如古斯塔夫·克林姆、奥斯卡·科柯施卡和埃贡·席勒等现代奥地利大师的作品。但卡里尔像许多在两次世界大战之间的关键十年里倡导现代主义的先驱们一样，对那些自学成才的画家的作品很感兴趣。在欧洲，当毕加索借鉴了"关税员画家"亨利·卢梭，并被表现主义艺术家瓦西里·康定斯基的出版著作进一步推向艺术顶峰的时候，这种趋势就已经确立了。从本质上讲，这些艺术家和他们的各种追随者们都认为，自学成才的艺术家的作品更加纯净，比那些受过训练的画家的作品更原始。为了和前人放弃学术传统的努力相一致，当代的先锋派们总在关注那些由于各种原因得不到正规培训的典型。

摩西于1940年10月在圣艾蒂安画廊完成了她的首次公开亮相。奥托·卡里尔考虑到人们对摩西完全一无所知，用她的名字根本不会引起重视，所以将展览命名为"一个农妇的画"。仅仅在几个月后，一个在鹰桥访问的记者就想出了后来广为人知的绰号"摩西奶奶"。

圣艾蒂安展览虽然被广为宣传，而且参观者踊跃，但这样

的成功毕竟是小范围的。真正让摩西的职业生涯一飞冲天的是在圣艾蒂安展览结束后不久，由吉姆贝尔斯百货组织的"感恩节庆典"。大幅组画在吉姆贝尔斯被重新组装，而摩西也应邀来到纽约。戴着黑色小礼帽，穿着花边领洋装，在卡洛琳的专门陪伴下，摩西（也许记起了她在乡间展览会上的经历）直率地发表了她关于果酱和蜜饯的公共演说，素来毫不留情面的纽约记者们都对此兴趣盎然，于是，摩西奶奶的传奇诞生了。

几乎是史无前例的事情发生了，摩西奶奶成了一个超级巨星。她并没有刻意这样做或有什么突然的转变，但她毕竟成功了。她1940年在吉姆贝尔斯的演说使她爆炸式地走红，摩西很快成为当地的名人，但她的名声当时还仅限于纽约州。她在纽约州的很多地方办过展览，并开始被那些追逐艺术纪念品的度假者们包围。

一些年来，摩西拒绝和卡里尔签订正式的代理合同，因为她相信她可以处理自己的事务。但是在1944年，受以游客为导向的业务的季节性起伏以及回收货款的困难影响，沮丧的她最终同意由圣艾蒂安画廊和美国英国艺术中心负责独家代理她的事务。后者的主管阿拉·斯托里也成为摩西作品的长期买家。

接下来发生的事使摩西成为美国乃至国际知名人物。卡里尔和斯托里随即举办了一系列巡回展览，计划在随后的20年里，把摩西的绘画作品带到美国的30多个州和欧洲的10个国家。1946年，卡里尔编辑了第一本关于摩西奶奶的专著《摩西奶奶：美国原始主义者》。同时，他开始推行摩西奶奶圣诞卡的代理业务。这两个项目非常成功：次年该书再版；霍尔马克公司接管了圣诞卡的代理业务。

1949年，摩西前往华盛顿领取由杜鲁门总统颁发的女性全国新闻俱乐部奖。第二年，一部描述她生活的纪录片由杰罗姆·希尔制作完成，并最终入围奥斯卡奖。1952年，她的自传《摩西奶奶：我的生活的历史》出版。

大众传播时代的来临，给了公众前所未有的接触摩西奶奶和她的作品的机会。除了巡回展览、书籍和贺卡之外，人们还可以拥有海报、壁画大小的复制品、瓷盘、窗帘布和其他一些特许的与摩西奶奶相关的产品。

8

通过实时远程直播——那个时代这堪称技术上的奇迹——摩西的声音从她在鹰桥的家中传播到更大的世界。1955年,她接受爱德华·R.默罗采访的时候,当时还很罕见的彩色电视都被用来呈现摩西的画作。莉莲·吉什甚至把她的经历演绎成史上第一部"实况剧"。

老年画家赤贫到暴富的传奇抓住了全世界人们的想象力。面对冷战时期的严酷现实,公众被这个现实生活中的传说所鼓舞,这一切似乎都印证了一句老话,"任何时候都不算晚"。

媒体乐此不疲地重复着摩西的童话故事。1953年,她登上了《时代》杂志的封面;1960年,《生活》杂志派出了知名摄影师康奈尔·卡帕,为摩西的100岁生日制作了封面故事。这个生日——被时任纽约州州长纳尔逊·洛克菲勒宣布为"摩西奶奶日"——被庆祝得几乎像是全国新闻界的节日。这样大张旗鼓的庆祝在次年重复举行,当摩西101岁的时候,每个人都为她的长寿而欢呼雀跃。

在101岁生日的几个月之后,摩西奶奶于1961年12月13日去世。她的过世成为当时美国和欧洲大部分地区媒体报道的头版新闻。全世界都因她的离去而沉浸在悲伤之中。

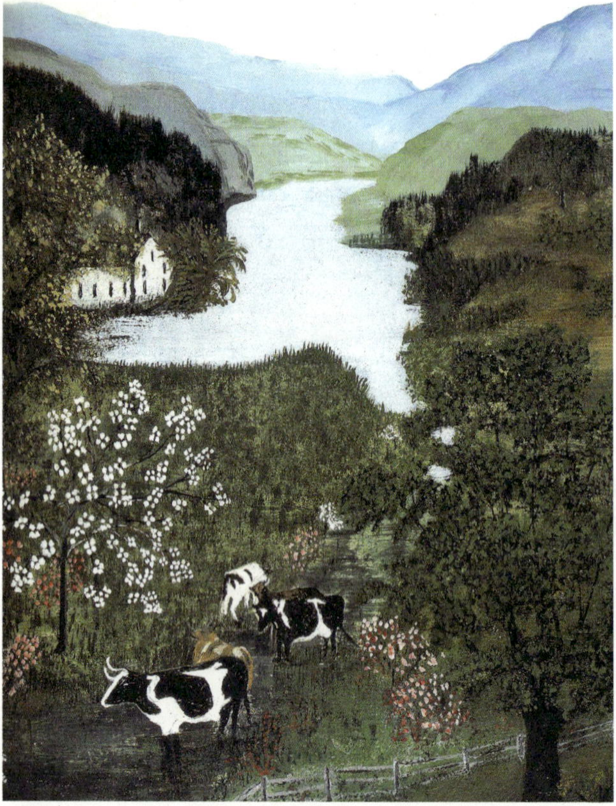

致我的孩子们：一百岁感言

今年，我一百岁了，趋近于人生尽头。回顾我的一生，在八十岁前，一直默默无闻，过着平静的生活。八十岁后，未能预知的因缘际会，将我的绘画事业推向了巅峰，随之带来的效应，便是我成了所有美国人都耳熟能详的大器晚成的画家。人生真是奇妙。

我的老伴已离去多年，自己的孩子也依次被我送走，我的同龄人也一个个离开了我。我觉得自己越活越年轻了，越来越喜欢与年轻的曾孙辈们一起玩，他们累了、倦了，便喜欢围坐在我身旁，不嫌曾祖母絮叨，听我说些老掉牙的人生感悟。

有人问，你为什么在年老时选择了绘画，是认为自己在画

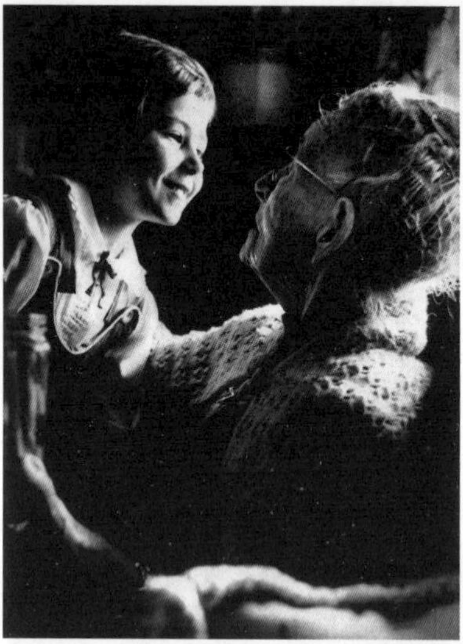

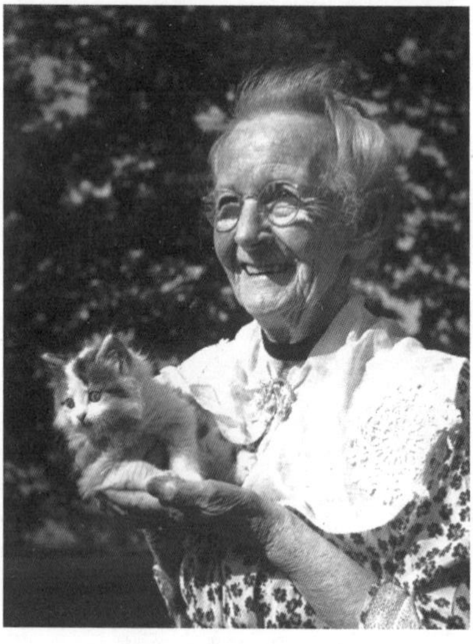

画方面有成功的可能吗？我的生活圈从未离开过农场，曾是个从未见过大世面的贫穷农夫的女儿、农场工人的妻子。在绘画前，我以刺绣为主业，后因关节炎不得不放弃刺绣，拿起画笔开始绘画。假如我不绘画的话，兴许我会养鸡。绘画并不是重要的，重要的是保持充实。不是我选择了绘画，而是绘画选择了我。假如绘画至今，我依旧默默无闻，我想现在的我依旧会过着绘画的平静日子。绘画之初，我未幻想过成功，当成功的机遇撞上了我，我也依然过着绘画的平静日子。正如在曾孙辈眼里，今天的我依旧只是爱絮叨的曾祖母。

有年轻人来信，说自己迷茫困惑，犹豫要不要放弃稳定工作做自己喜欢的事情？人的一生，能找到自己喜欢的事情是幸运的。有自己真兴趣的人，才会生活得有趣，才可能成为一个有意思的人儿。当你不计功利地全身心做一件事情时，投入时的愉悦、成就感，便是最大的收获与褒奖。正如写作是写作的目的，绘画是绘画的赞赏。今年我一百岁了，我往回看，我的一生好像是一天，但这一天里我是尽力开心、满足的，我不知道怎样的生活更美好，我能做的只是尽力接纳生活赋予我的，让每一个当下完好无损。

七岁的曾孙女抬头问，我可以像曾祖母一样开始绘画吗？

现在开始还来得及吗？我将她拥入怀里，摩挲着她的头发，紧握着她的小手，注视着她，认真回答，任何人都可以作画，任何年龄的人都可以作画。如人人都可以说话一样，人人也都可以选择绘画这种认知及表达世界的方式，不喜欢绘画的人，可以选择写作、歌唱或是舞蹈等，重要的是找到适合自己的道路，寻找到你心甘情愿为之付出时间与精力，愿意终生喜爱并坚持的事业。

人之一生，行之匆匆，回望过去，日子过得比想象的还要快。年轻时，爱畅想未来，到遥远的地方寻找未来，以为凭借努力可以改善一切，得到自己想要的。不到几年光景，年龄的紧迫感与生活的压力扑面而来，我们无一幸免地被卷入残酷生活的洪流，接受风吹雨打。今年我一百岁了，我的孩子们，我多想护你们一世安稳，岁月静好，然我知道是不能的。我所希冀的是，你们能找到自己真正喜爱的事情，寻觅到一个志同道合的爱侣，孕育那么一两个小生命，淡定从容地过好每一天。

我的孩子们，投身于自己真正喜爱的事情时的专注与成就感，足以润色柴米油盐酱醋茶这些琐碎日常生活带来的厌倦与枯燥，足以让你在家庭生活中不过分依赖，保留独属于自己的一片小天地。寻觅到一个懂你爱你的伴侣，两个人组成的小小世界，便足以抵挡世间所有的坚硬，在面对生活的磨砺与残酷时，不觉得孤苦，不会崩溃。孕育小生命的过程，会感觉到生命的奇迹，会获得从所未有的力量，当一双小手紧抓着你时，完全的被依赖与信任会让你感受到自我的强大，实现自我蜕变式的成长。

人生并不容易，当年华渐长，色衰体弱，我的孩子们，我希望你们回顾一生，会因自己真切地活过而感到坦然，淡定从容地过好余生，直至面对死亡。

永远爱你们的摩西奶奶

Grandma moses

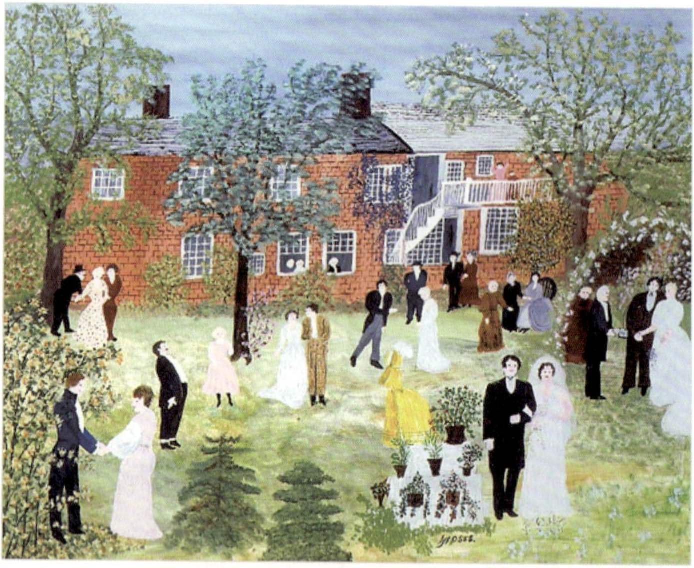

第一章　做你喜欢的事情就对了

做你喜欢做的事，

上帝会高兴地帮你打开成功之门，

哪怕你现在已经 80 岁了。

Do what you love to do,
God will be pleased to help you open the door to success,
even if you are 80 years old now.

大多数人的一生，要求其实很简单，做着自己喜欢的事情，与自己喜欢的人在一起，便是莫大的幸福。然而实现它却并不容易。

1960年摩西奶奶收到了一封署名春水上行的来信，写信的日本年轻人在信中诉说，自己从小就喜欢文学，很想从事写作。可是大学毕业后，迫于生活压力以及亲人的期许，他找了一份医院的工作，然心里却一直不喜欢这份工作，感到别扭。眼看年近三十了，他不知该不该放弃这份收入稳定的工作，而从事自己喜欢的写作。

彼时摩西奶奶已名声大噪，收到了很多粉丝或是画商的来

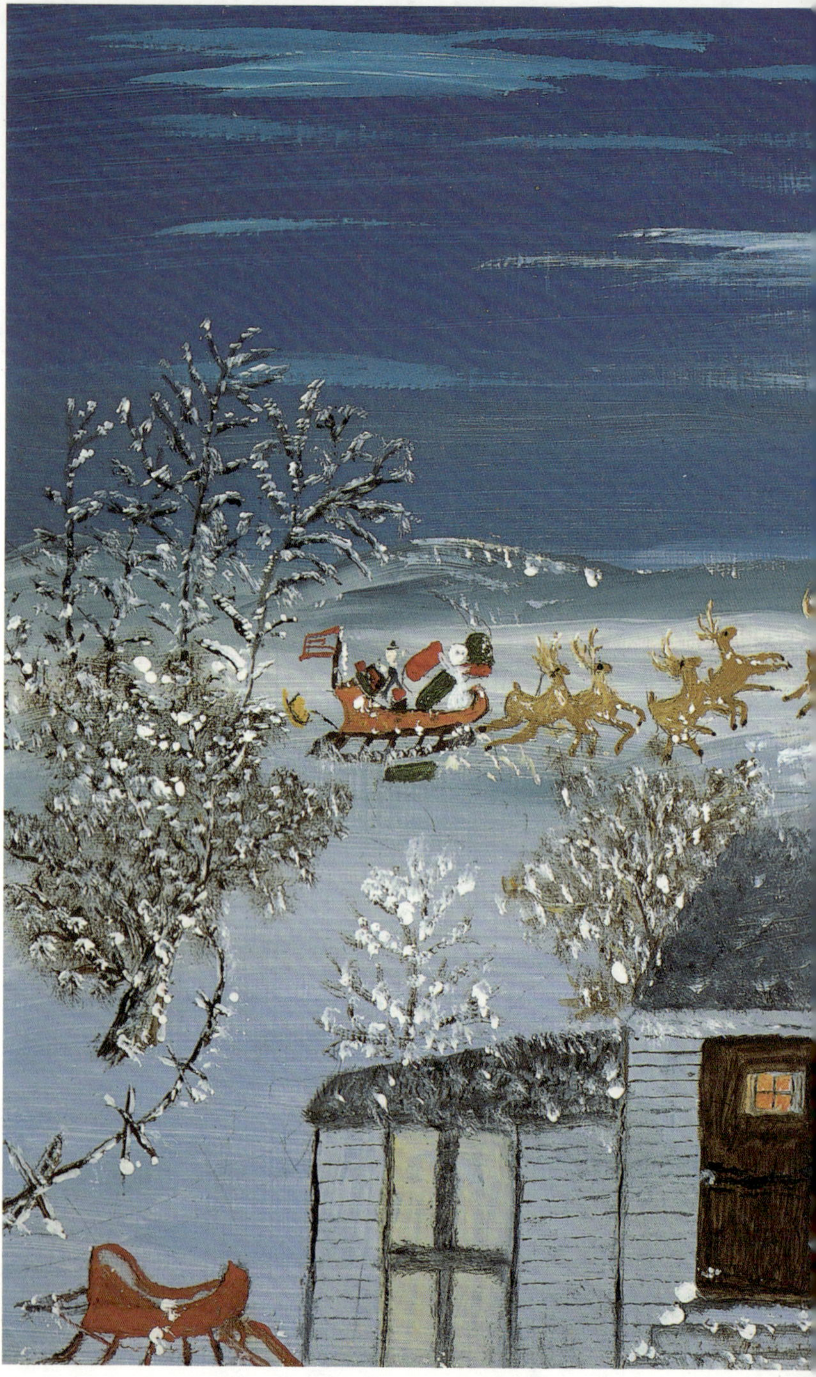

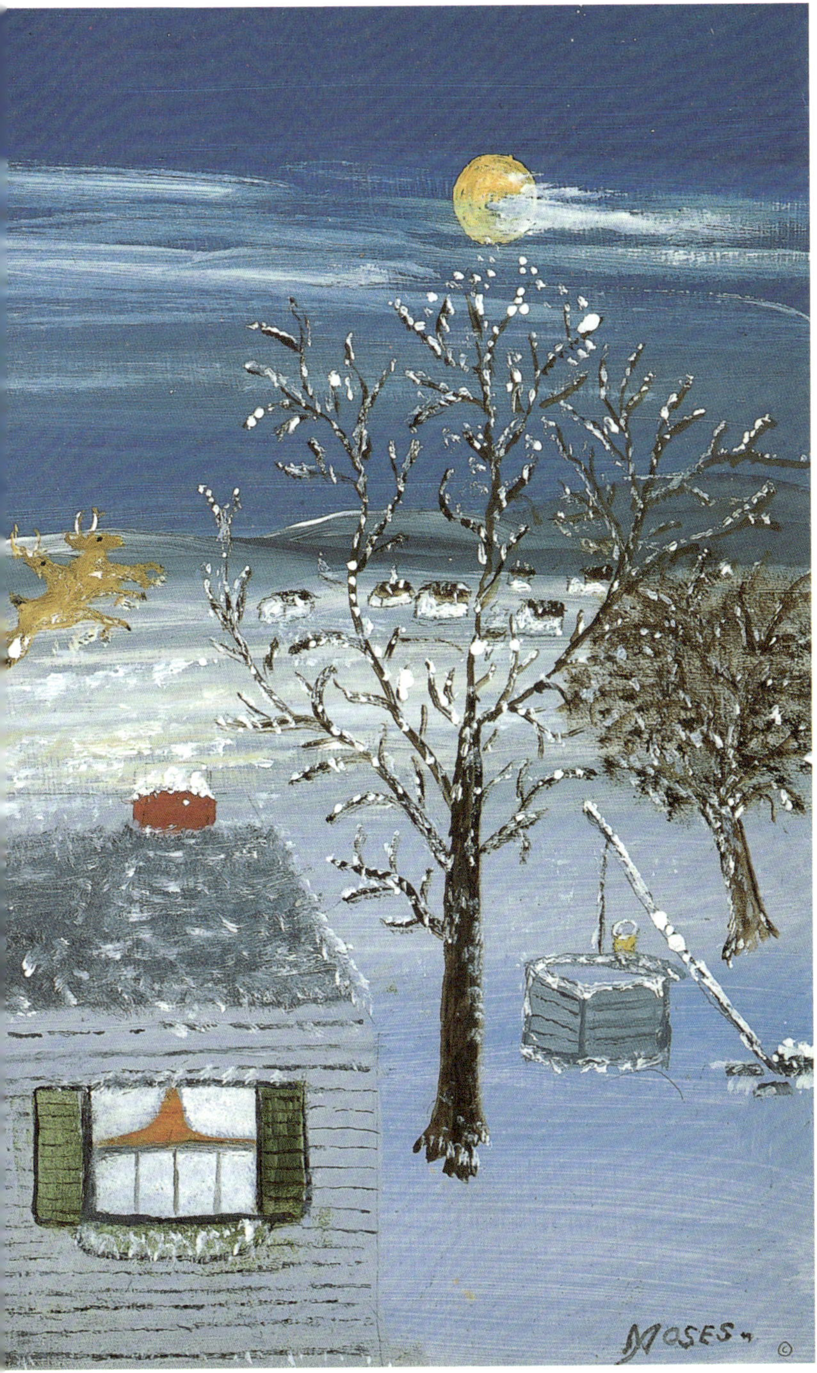
MOSES
©

信，不是恭维自己就是向自己索要绘画作品的，这封信却是谦虚地向自己请教人生问题，摩西奶奶顿时产生了兴趣，结合自己一百岁的人生阅历所得，回复：做你喜欢做的事，上帝会高兴地帮你打开成功之门，哪怕你现在已经80岁了。

2001年3月15日，一个名为"摩西奶奶在21世纪"的画展，在华盛顿国立女性艺术博物馆举行。该展览除展出摩西奶奶的作品外，还陈列了一些来自其他国家有关摩西奶奶的私人收藏品，其中最引人注目的是一张明信片，它是摩西奶奶1960年寄出的，收件人是一位名叫春水上行的日本人。因为这张明信片，日本诞生了一位伟大的作家——春水上行就是后来在日本乃至

全世界都大名鼎鼎的作家渡边淳一。

很多人，看似忙碌，实则迷茫，他不清楚自己真正喜欢的是什么，他所做的，是随大流，是按照别人对他的期许和要求去做事情。他甚至可以很成功，三十出头的年纪，工作稳定、有房有车、家有妻儿，一切行进得很平顺。然在独处时，他时常感到怅然若失，总觉得缺了点什么，日常的忙碌，让他找不到自己，不得安心。

有一部分人却截然不同，他可以没有全世界，却唯独不能丢了自己的喜好。当他沉醉在自己喜欢的工作或是爱好里，时

24

间对他来说都消失了。他将精力与时间投注其中，不计功利，甚至不强求一定要有个结果。他的喜欢是纯粹的，如孩童般，对一切保持好奇与尝试。每每被问及值不值当，他笑说，生命本充满了不确定，它让我感到快乐，在做它的过程中，让我感觉整个生命都是活力充沛的。它能让我沉浸、纯粹投入，感到兴奋。这样的体验本身就是收获，不是吗？

有人说，做自己喜欢的事不会累。有所喜好的人，会在一天的劳累工作后，费心思去琢磨研究一道桌上菜肴，侍弄一下花花草草，会在深夜读书码字，缝制一个手工小包。对于喜欢这些的人来说，去做它，不是工作更不是任务，是生活情趣的调剂，是让身心放松的方式，累从何来？

人生长短，弹指一瞬。日常的重复，让人产生错觉，会认为一切都来得及，会有时间开始做自己喜欢的事情。年轻时，大多数的我们开始给自己制订时间计划，最开始我们需要养活自己，挣点小钱，不能随心所欲地去做自己喜欢的事情。兴许五年后，我可以重拾梦想，做自己喜欢的事情。五年过去了，手头积攒了点小钱，然谈恋爱两年的女朋友要求结婚，我不得不再给自己两年，等家庭稳定了，条件更宽松点，我一定去做自己喜欢的事情。两年过去了，小生命来了，内心充满喜悦与

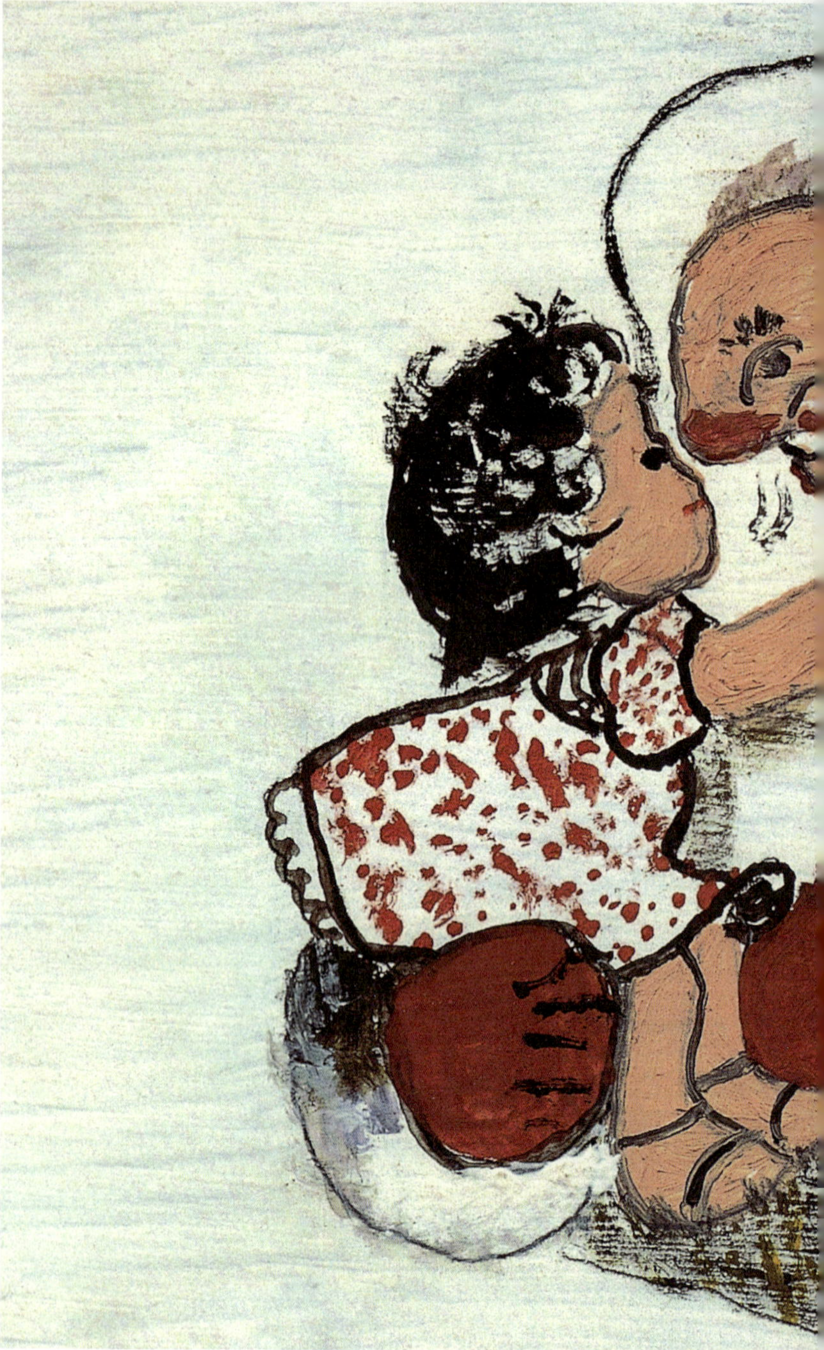

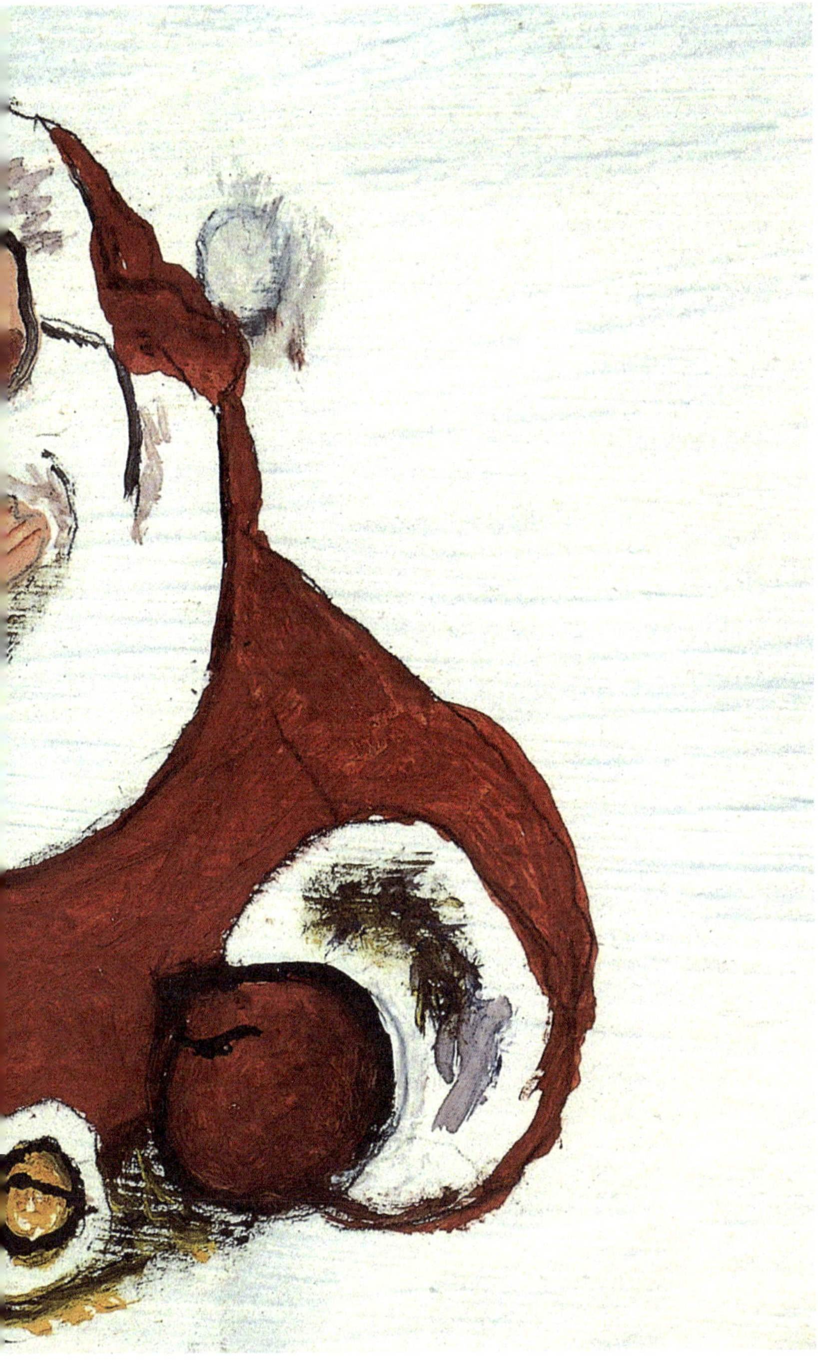

紧张,我对自己说,兴许可以再缓缓,等小生命再长大点,然这次我不敢给自己设定时间期限了。

　　有人说,真正的自由不是想做什么就做什么,而是不想做什么就可以不做什么。在成长乃至工作初期,迫于生活的压力或是客观条件不允许,有时候我们需要做一些不是那么喜欢的事情,或是按照自己不是很喜欢的方式与节奏去做自己喜欢的事情,这些不可谓不是从不自由到自由的必经阶段。这个时期,

我们需要做的便是，守住自己的初心，坚持住心中的梦想与爱好，等待实现的时机。

喜欢一件事，你就开始去做吧。即使此时此地只能把它当成业余爱好，你坚持去做了，点滴积累，有一天，它会成为你的专长，成为你可以靠之养活自己的看家本领。

你要去相信，你最愿意做的那件事，才是你真正的天赋所在。

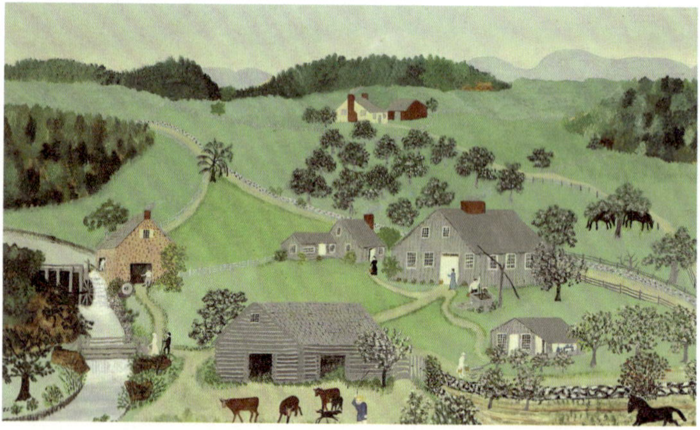

第二章　爱你现在的时光

有人总说:已经晚了。

实际上,现在就是最好的时光。

对于一个真正有所追求的人来说,

生命的每个时期都是年轻的、及时的。

People are always saying that it's too late.
However, in the fact, now is the best appreciate time.
For a man who really want to seek for something,
every period of life is younger and timely!

人到老年，回忆成了日常必备的功课。回忆里的日子总是美好的。

十几岁时，期盼快快长大，期待独自高飞，日子因等待而变得悠长。

二十几岁时，生活变得忙碌，光阴匆匆，岁月易老而不自知。

三十几岁，家有小儿，外有爱人，牵挂父母，心里满满装着的都是爱。

接下来的二十几年，回忆里充斥的都是生活，生活。

六十几岁，爱人托马斯去世。

七十几岁，开始绘画。

如今，摩西奶奶已八十几岁。

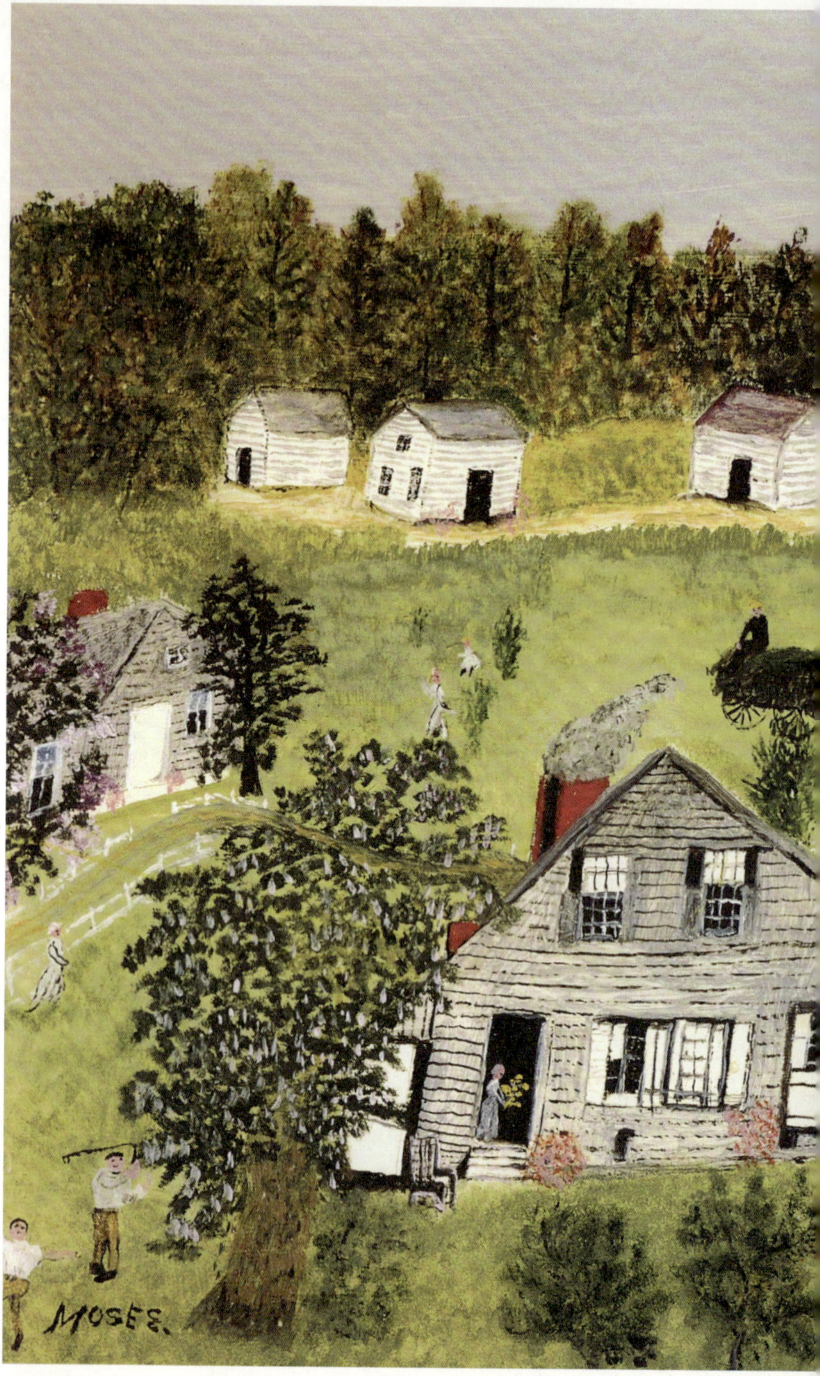
MOSES.

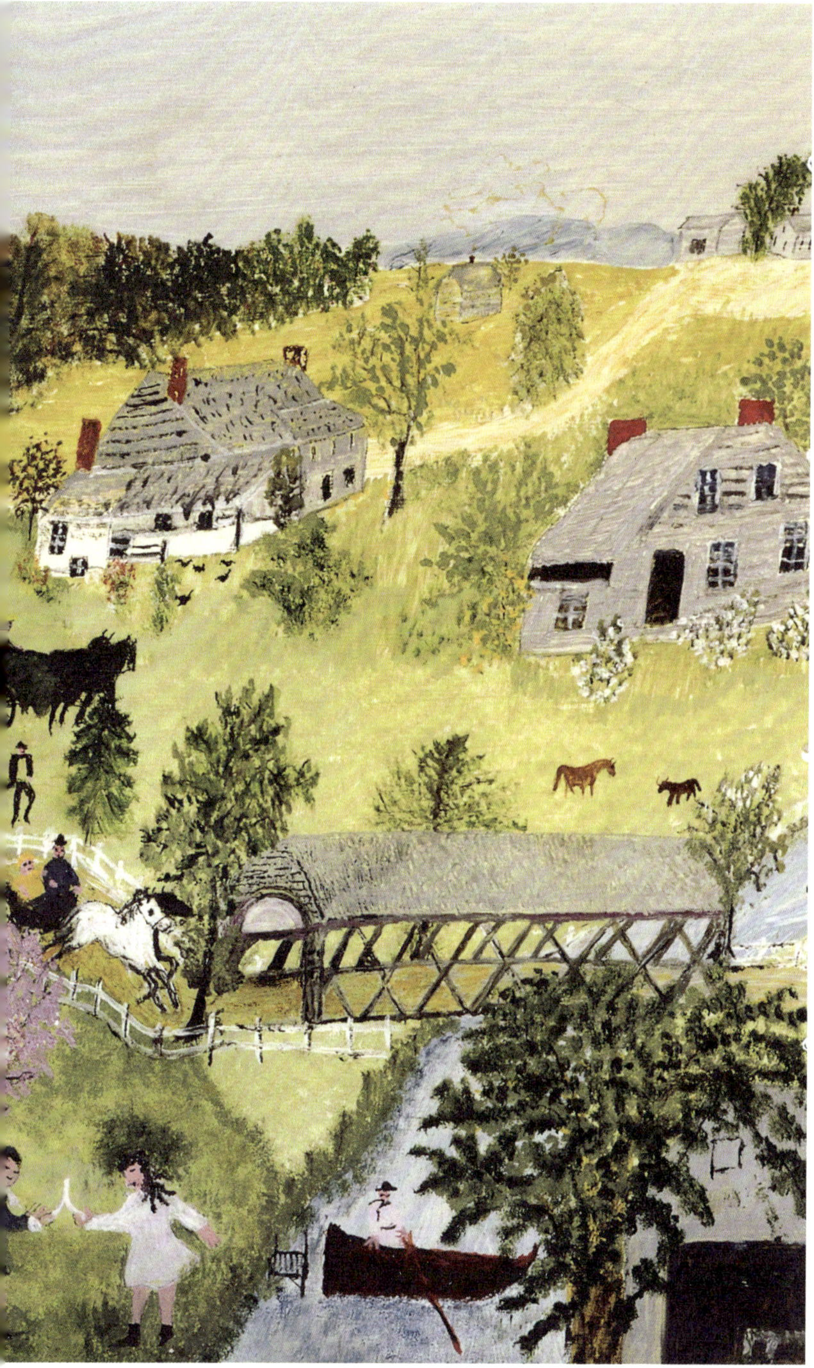

八十几岁,已离年轻太远,脸上已是道道皱纹与松弛的皮肤,你甚至难以想象这张脸曾经年轻过,然摩西奶奶却并不因此感到悲伤,相较身处最好的时光而不自知的十几岁,她更爱现在年老的面庞。

它的每一道皱纹,都代表一段光阴,诉说着光阴里的故事。人到八十几岁,人们在乎你的不再是外表,而是丰厚的灵魂。

八十几岁，比很多人的一生都要漫长，你又是否对得起这个年龄，坦称自己没有白活？这些，摩西奶奶并不能做主。八十几岁的摩西奶奶所能做的，是保持健康的生活习性，再多坚持一阵生活自理。摩西奶奶喜欢从记忆长河里撷取浪花，给曾孙辈们述说老掉牙的故事。他们似乎很配合，总是嚷着再多讲一个，她便感到满足。

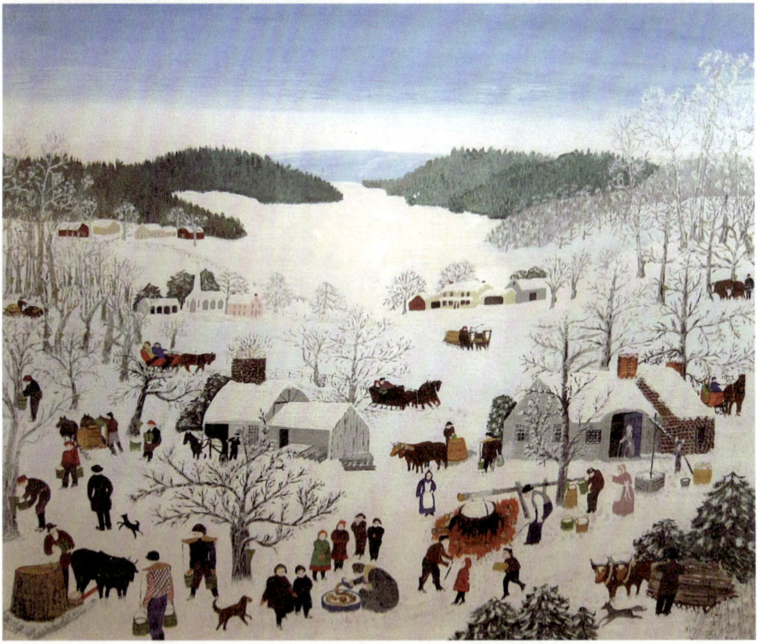

当我们年轻时，觉得三十岁的女人已老，生活渐成定局，天天围着家庭转，琐碎而无趣。时间将你我带到三十岁时，回头看十几二十岁，觉得曾经的自己太荒唐，不懂生活真谛。当我们四十几岁时，甚至幻想过自己六十岁体面地离去，不用面对年老体弱、需要亲人扶持的窘境。可当我们真正面对爱侣去世，却开始明白自己曾幻想的六十岁离开是多么自私的想法。互相扶持的老伴，先离去的那个人某种程度上是幸福而自私的，因为他不用面对唯剩的至亲逝去后的满心苍凉，不用面对一个人苟存于世的梦无所依。

岁月是一把刻刀，改变了你我的模样。然走到八十几岁，摩西奶奶回望生命的每个阶段，却不乏感动与美丽。她留恋年少时情窦初开的紧张，她喜欢曾经青春靓丽的身影，她怀念成熟时的宽容与感恩，她珍惜如今的豁达与宁静。

生理上，摩西奶奶已八十几岁，然画龄上，她甚至比不上一个十几岁的孩童。当她开始画画时，她似乎重回到了年轻时候，去弥补二十几岁就萌生的夙愿。执着画笔的她，似乎重新拥有了青年的兴奋与热情，难怪曾孙女说，曾祖母，你画出了我所希冀的美好。这何尝不是对她画画最大的褒奖？

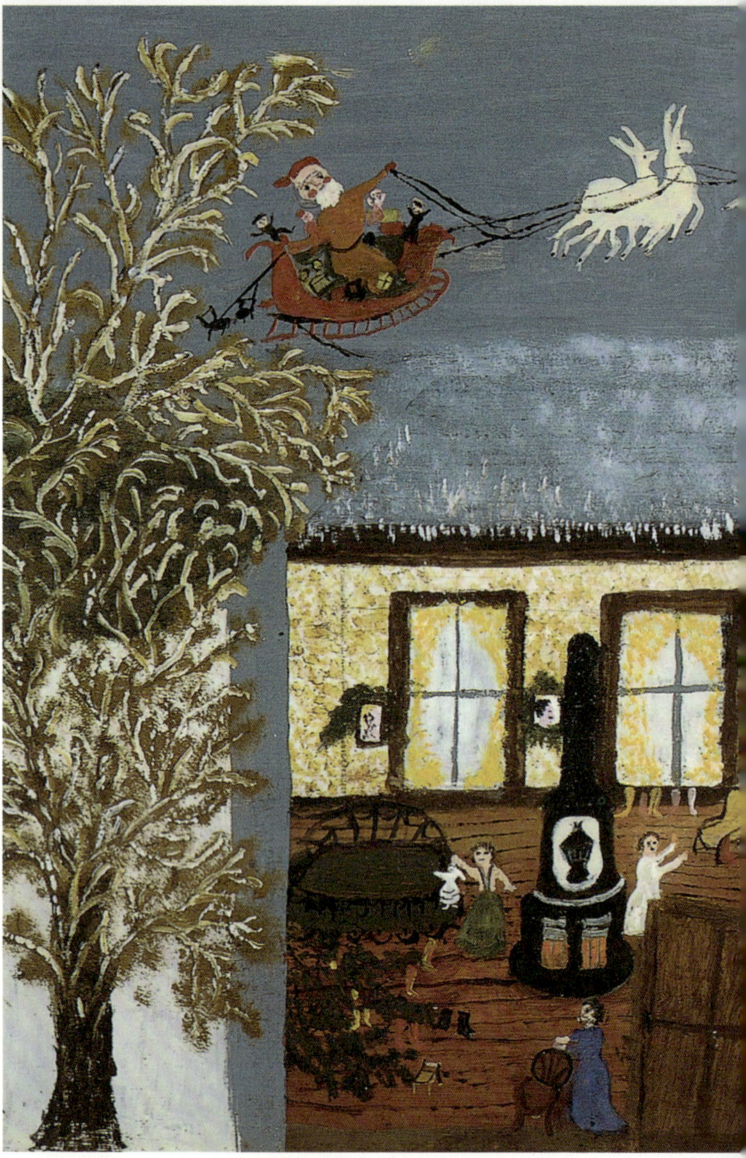

世界上，最公平和最不公平的，都是时间。
别人偷不走它，而你却也留不住它。你拥有它，却不能改变它。

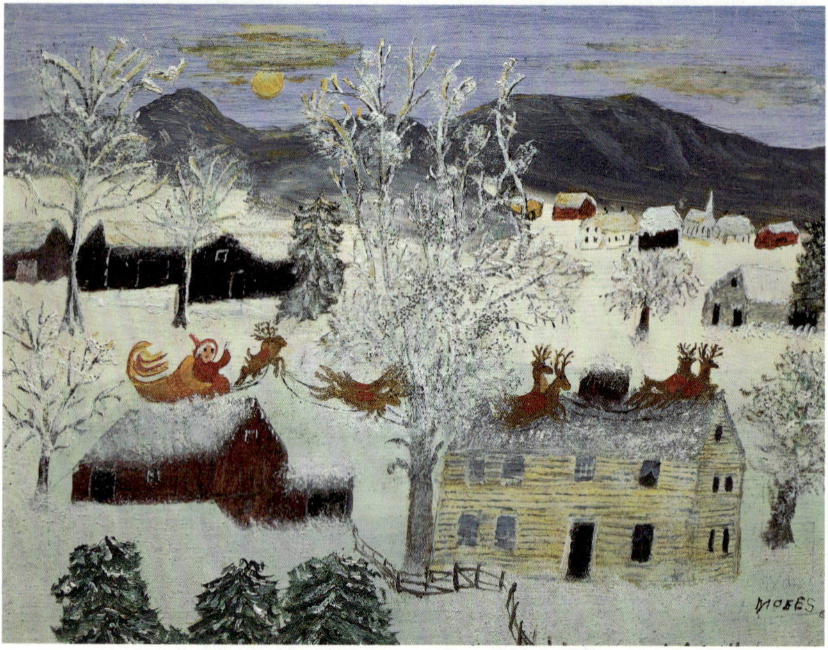
MOSES

世界上，最公平和最不公平的，都是时间。别人偷不走它，而你却也留不住它。你拥有它，却不能改变它。光阴里的艰难或是快乐，它都一一带走。身处其中的你我，年轻或是衰老，所能做的，都是充分去享用它，享受每一个生命时期，收藏每一个年龄段带给你的感动与美好。

时光本无所谓好坏，只有身处其中的你过得好不好。无论如何，让过去的过去，让未来的到来，爱你现在的时光，许是最好的选择。

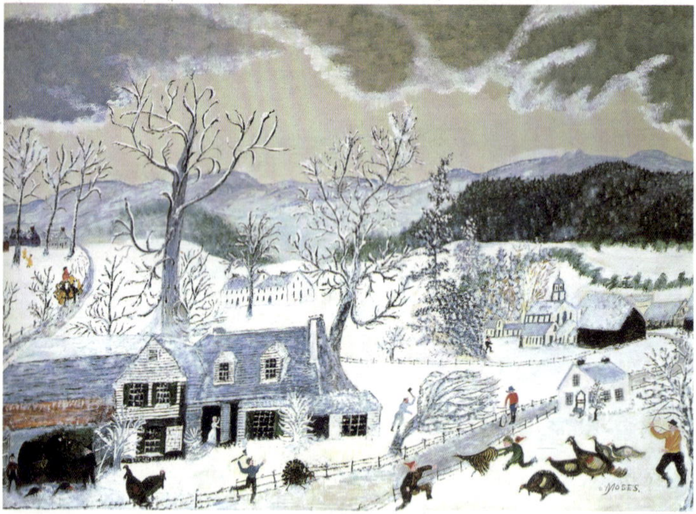
MOSES.

第三章　有些路啊，走下去才知道它有多美

你有你的路。我有我的路。

至于适当的路、正确的路和唯一的路,这样的路并不存在。

You have your way. I have my way.
As for the right way, the correct way, and the only way, it does not exist.

人生路，已走过大半，回望来路，会想象，如果重回年轻时候，是否会选择另一条路，经历不一样的生命旅程？

当年轻的你面临选择时，总会听到各种声音，"这条路不适合你""这是一条弯路""我不希望你走我的老路""这样挺好，多安稳呀""现在的工作多好，别瞎折腾了"，然少有人跟你说，听从你的内心，对自己的选择负责，走你自己的路，我永远支持你。

走过年轻的人，喜欢以"过来人"自居，打着"都是为你好"的旗帜，对正值青春的你提出建议与忠告。然，他们却常常忘了，自己一路走来，亦是充斥着迷茫、跌撞，甚至委屈与不甘。曾

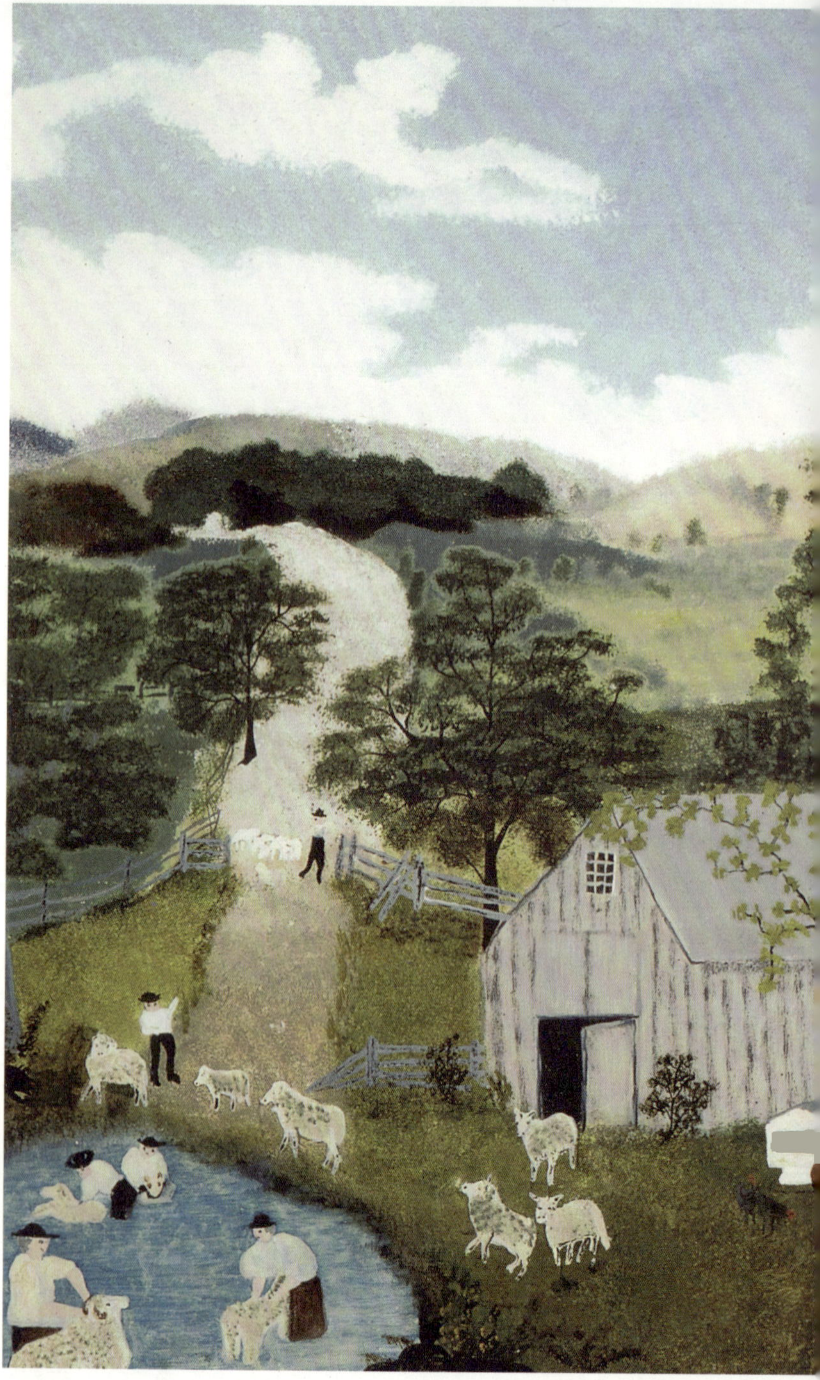

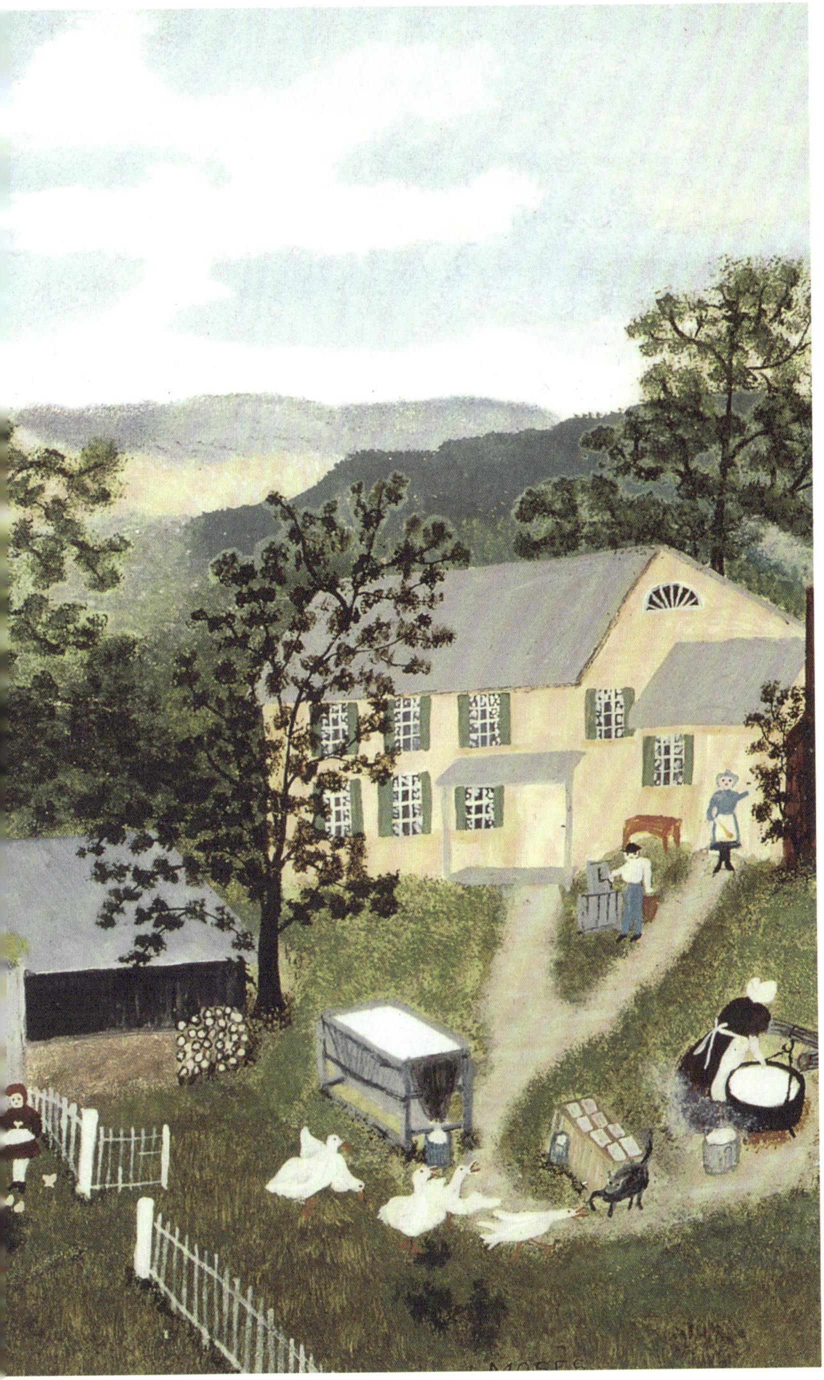

经的他们，亦满满都是青春荷尔蒙躁动，又何曾听得进"老人言"，有的都是明知山有虎偏向虎山行的壮举。迷茫与困惑，与青春如影随形，可我们总得向前，选择一条路。

有些路，走的人多，似乎平坦，而有些路，罕无人迹，充满未知。你心中安分的部分跳出来说，选择大多数人的路，稳妥；心中跃跃欲试的部分抢着说，少有人走的路会有别样的风景。内心的挣扎，到选定结果的那刻，都会变成坚定。你担心的是，选择的结果，是迫于外力，迫于亲友压力，唯独缺失了自我的意志。你担心某天会发现，适合自己的原来是另一条路。

当你选定一条路，另一条路的风景便与你无关。然而我们

中的一部分人，走在自己的路上，眼里却都是别人路上的风景，满怀羡慕乃至嫉妒。直至一天，一位后来者怀抱五彩鲜花，经过你身旁，你惊讶问道，美丽的花儿从何来？他答道，在你身后的路上，随处都是。你方明白，这些年，我只顾着观望另一条路的一草一石，却忽略了自己路上的满地鲜花。

也许，你正经历着辛酸，你慨叹自己的一路艰辛，感觉前

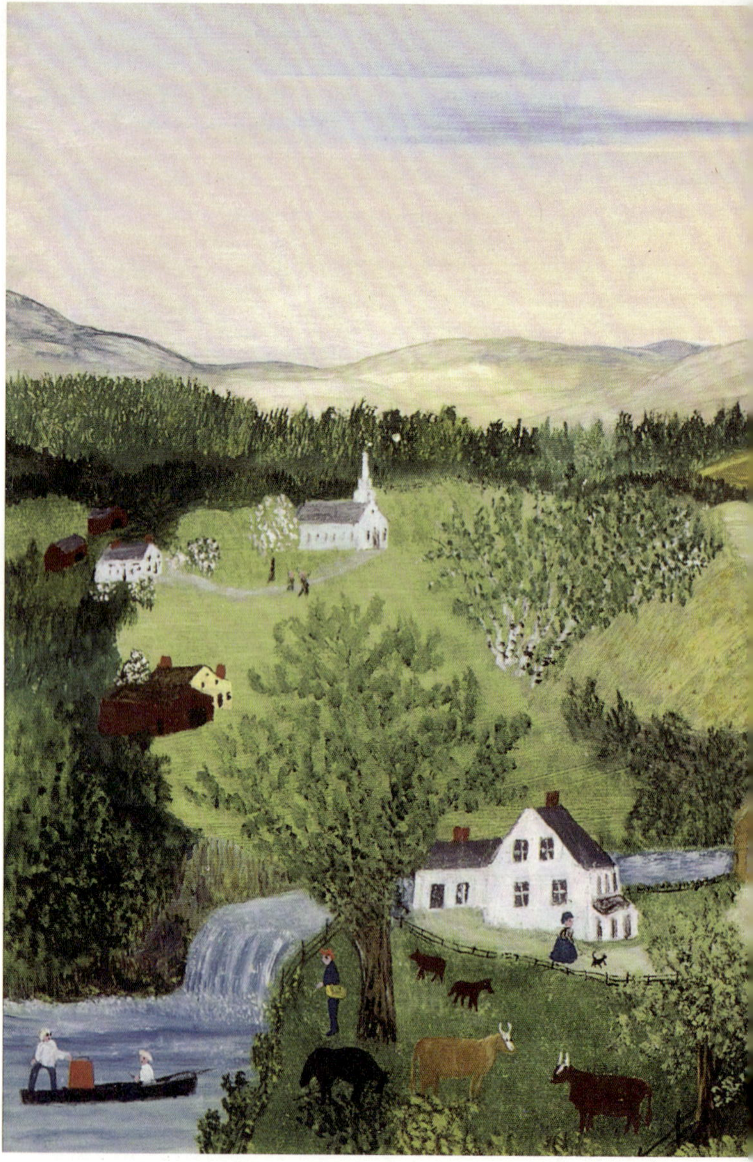

你要去相信,明天太阳依旧会升起,苦难的日子终将过去,经历了生命的最低潮,迎接你的便只有高潮。

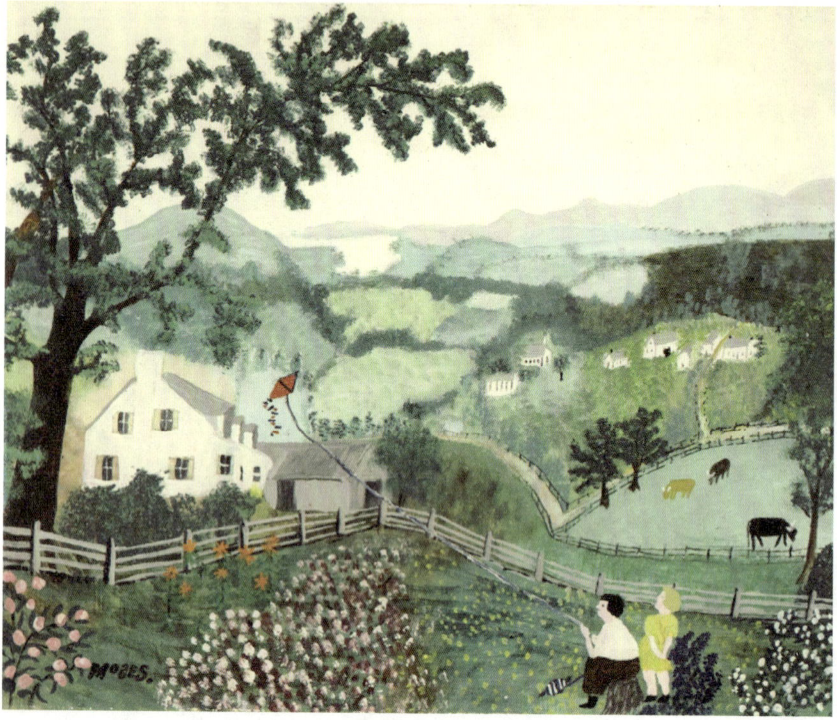
MOSES.

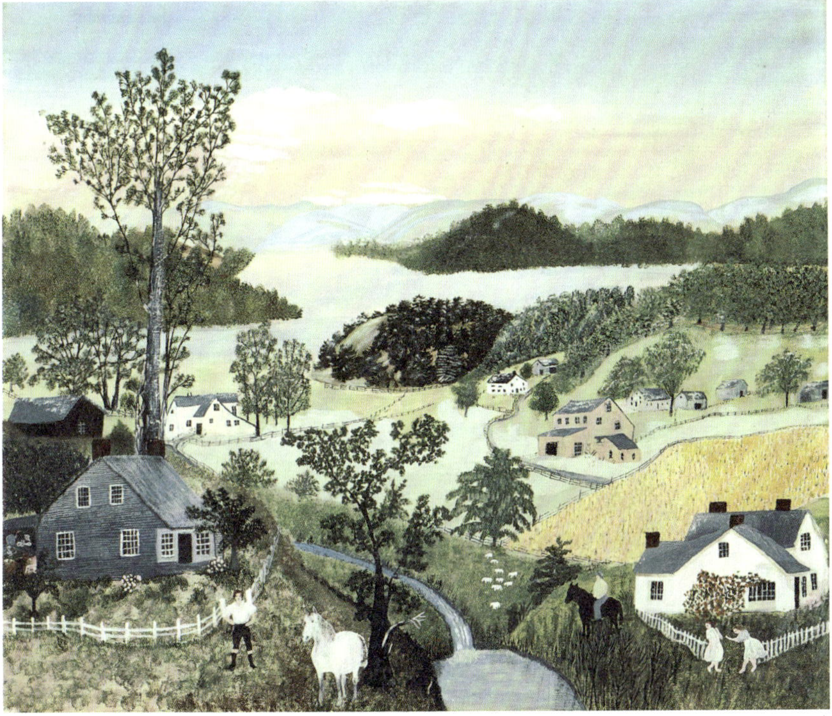

路漫长黑暗，期待曙光降临。然你要去相信，明天太阳依旧会升起，苦难的日子终将过去，经历了生命的最低潮，迎接你的便只有高潮。伤心难过的日子，你可能暂时无力改变现状，可你能够选择悲观消极或是积极乐观，你可以选择苦大仇深或是笑容浅露。同一条路上，有人哭泣有人欢笑，你的选择呢？

有些路你不走下去，永远不知道它有多美。摩西奶奶七十几岁开始绘画，是迫于关节炎，已拿不住针刺绣，放弃自己所擅长的，接触一门新的技艺，心有不安。最开始的几年，摩西奶奶甚至觉得自己的绘画事业将会沉没，然她却依旧坚持绘画。她说，画画并不是最重要的，重要的是保持充实。摩西奶奶后来成名虽不乏偶然，于她却是日复一日坚持的结果。她的绘画，首先是为了留住美好，安抚自己。如果没有绘画，于摩西奶奶，她依旧会相信前路是美好而宁静的，心怀光明，勇敢向前。

每个人都是独特的个体，期待走不一样的人生路。如果年轻可以重来一次，希冀你不会因曾经的选择而后悔，不会将选择的错误归咎于他人，不会艳羡嫉妒别人路上的风景，只愿你坚定你的选择，承载风雨打磨，好的坏的一一历练，收获独属于你的生命体验。

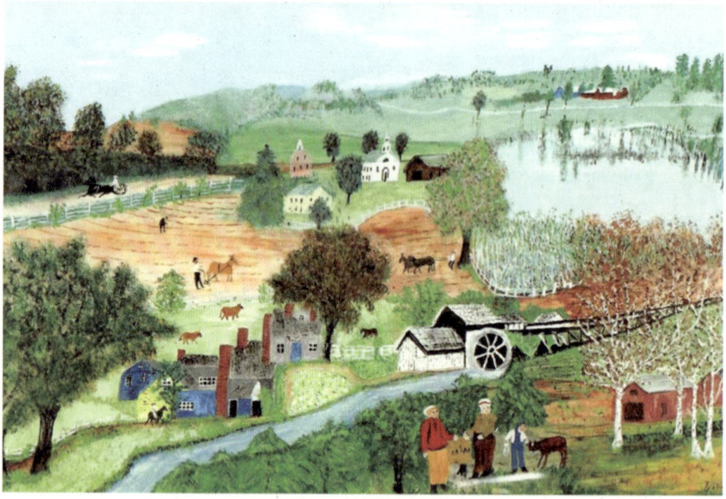

第四章　时光且长，一切都来得及

不要着急，

最好的总会在最不经意的时候出现。

Don't try so hard,
the best things come when you least expect them to.

很多人的焦虑，都与"害怕来不及"有关。害怕来不及想清楚自己要什么，便年轻不再了；害怕来不及确定恋爱的感觉，对方便转移下一目标了；害怕来不及尽孝于身前，亲人便离去了；害怕来不及潇洒活过，身体便垮下了。我们害怕一切都来不及，总想着要明白充实地过活，今天便不在了。

害怕来不及，我们便越发忙碌，沉浸在忙碌中，会暂时忘记焦虑。可一旦闲下来，空虚、无聊携带着焦虑汹涌而来，有些人用继续忙碌去招架，有些人则陷入迷茫与困惑。我们焦虑的究竟是什么？此刻不清楚自己要什么，可你依旧在行动，行动便会带来结果，面对结果时的喜悦或是无感，能检验这是不是你所想要的。爱情的获得，家人、健康的失去，都有一个时

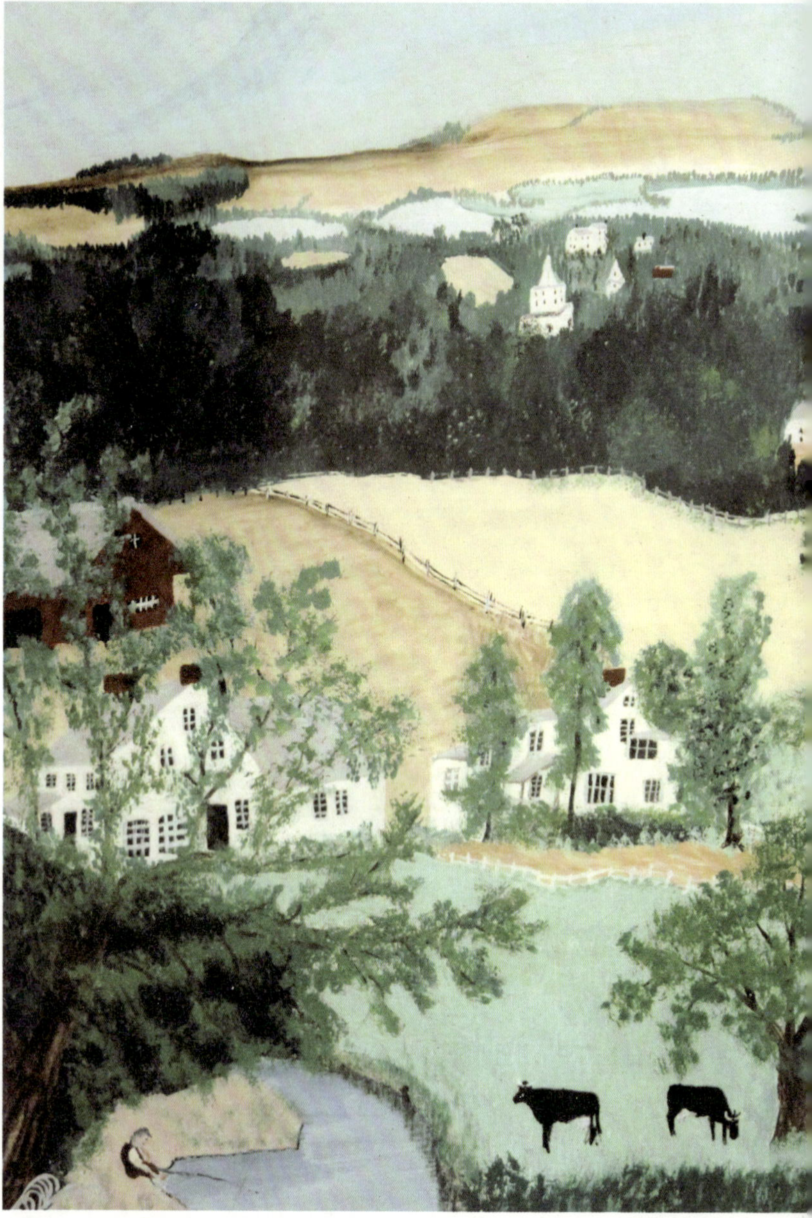

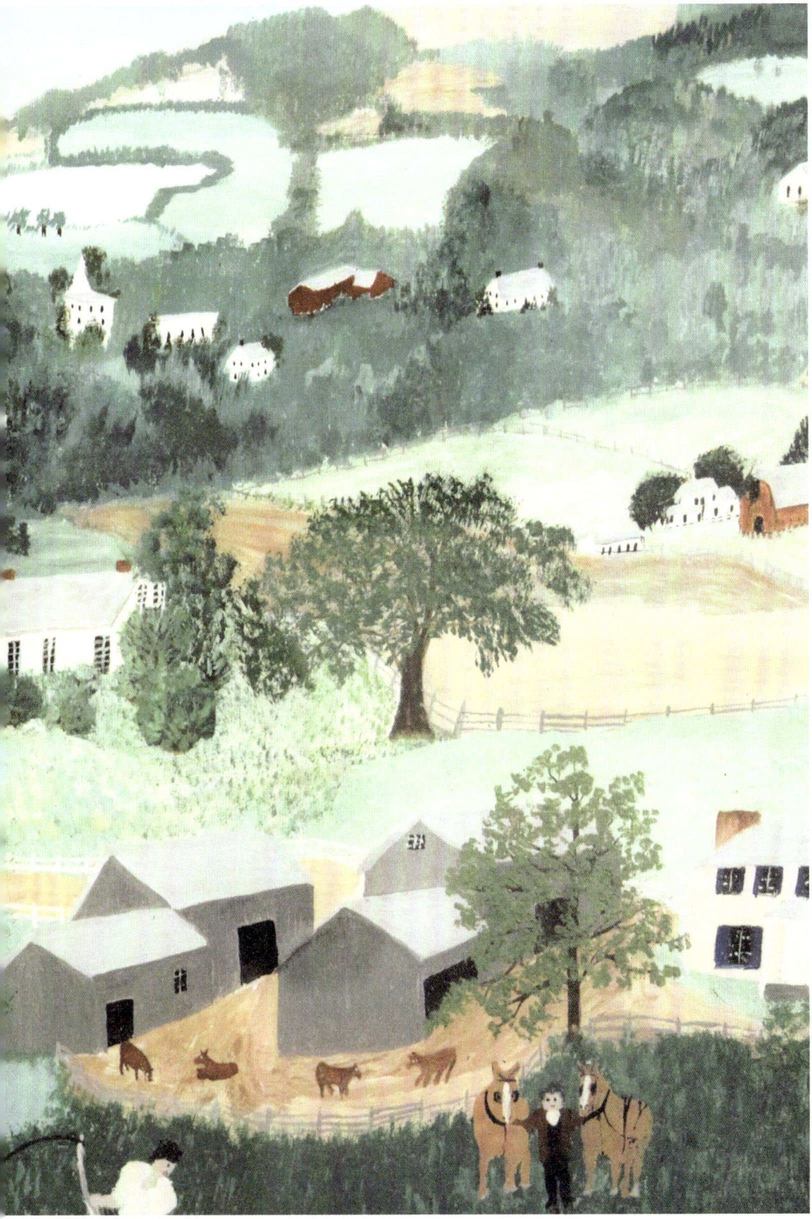

间的历程，你珍惜了点滴，做好了细节，自然会有所收获。"害怕来不及"不能成为不作为的借口，亦无须当作异常忙碌的鸡血，想要过好每一天，不如让今天充实。毕竟，漫长的岁月，都是由无数个"今天"堆砌而成。

无须比较，做最好的自己。物质条件逐渐丰盛，今天的你很容易衣食无忧，而对于你的父辈乃至祖辈，温饱曾经是他们日夜劳作换来的成果。饥饿时期，一顿饱饭，足以让整个家庭为之欢颜。今天，一顿大餐，给你带来的惊喜都相当有限。可遥居乡下的祖母，现在的她亦衣食无愁，却会因为你带回的一包点心而开心炫耀大半天。我们何以变得如此难以满足？源自比较。身处大城市，最不缺的就是人上人，你的任何享受甚至成就，放到大环境下一比较，都显得微乎其微，不足一提。这时，我们需要学会知足，学会与自己比较，今天过得比昨天好，便值得欢喜。你只须做最好的自己。

内心强大的人，方能不慌张。有一些人，汲汲营营于小功小利，害怕一切与人分享，却恰恰暴露了他的浅陋。心有宝库的人，又何惧与人分享？内心强大的人，方能容纳情绪的不安、浮躁、焦虑，他处理任何事、做任何决定，都有着自己的节奏和思考，他亦不惧与人分享，你在他的脸上，看不到慌张，只

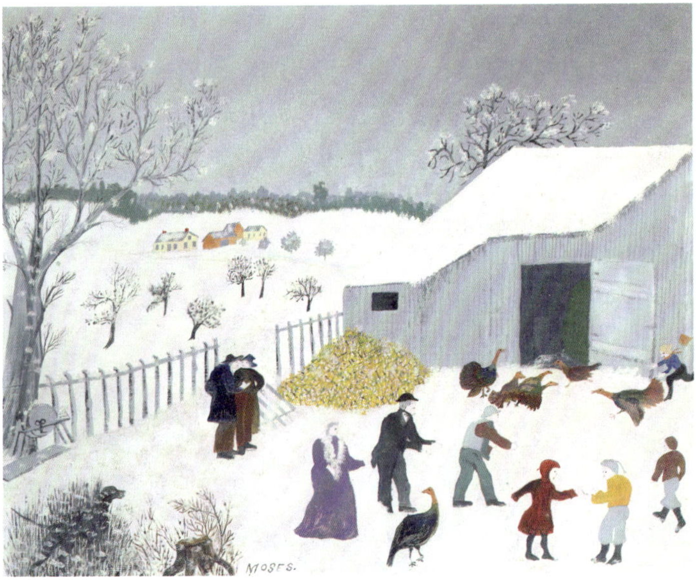
MOSES.

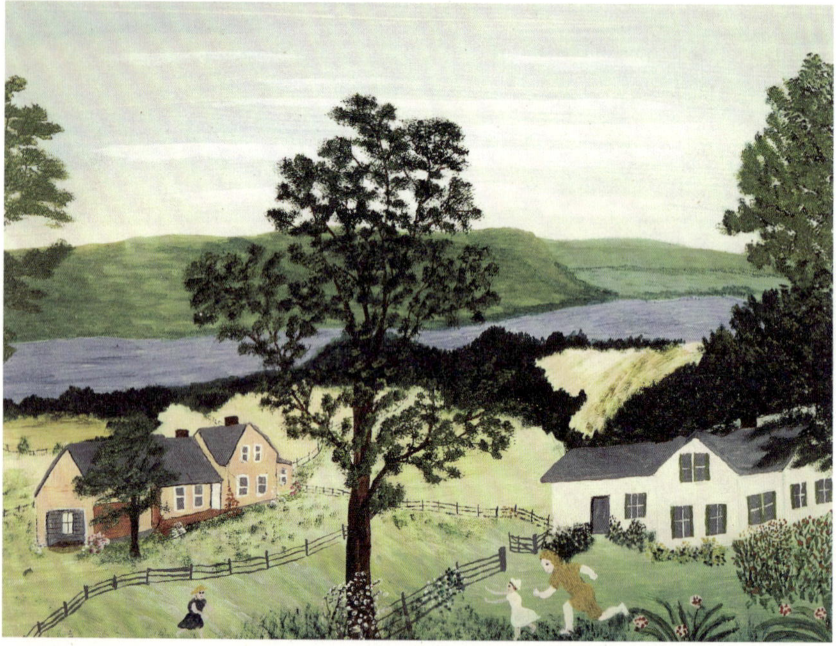

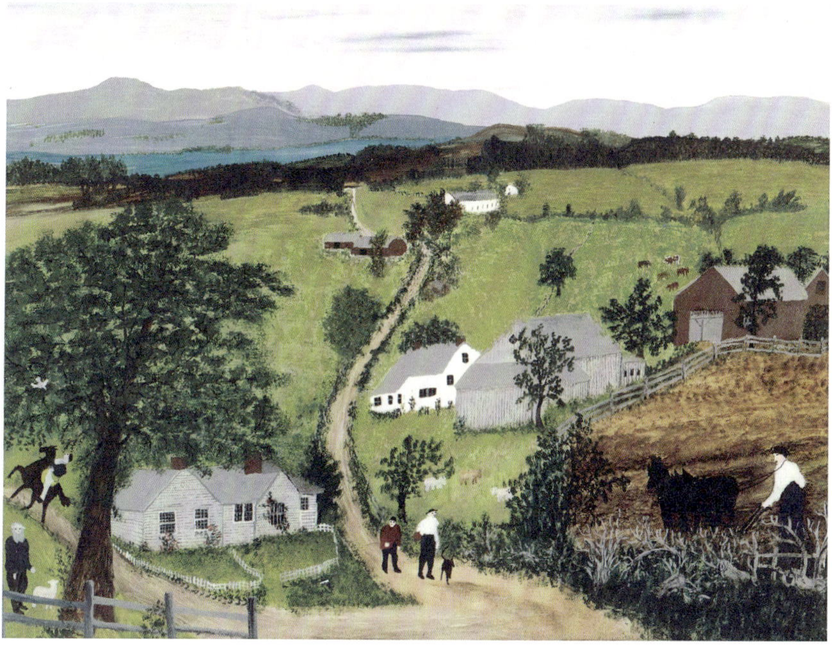

喜欢一件事，你就慢慢去做吧。

有坚定与平静。

慢慢来，一切都来得及。我们害怕来不及，绝大部分是因为急功近利的心态。你渴望三个月内实现梦想，会因时间紧迫而产生焦虑、紧张，变得手足无措。然如果将该梦想实现期限延长至三年，再分解成十二个三个月，你兴许更清楚目前的三个月该从何做起。三个月很短，可三年放在几十年的人生里，也不算长。与其着急忙慌地不知从何开始，不如一切都慢慢来，开始并坚持了，总会有结果的那一天。喜欢一件事，你就慢慢去做吧。如摩西奶奶言，"我一直想画画，但是我直到 76 岁时才有了时间。"。于是她开始了，并且坚持画到了 101 岁，方成就了传奇。

人生可赶，不要急。身处凡尘，你我很容易被琐事缠身，却忘了更重要的事。求学、择业、结婚、生子、孝敬父母，这些是你都要面对的人生大事，它们依次或者并列出现在你面前，你必须去面对。有时，它们来得太急切，让你陷入忙乱。你要保持镇静，你要去相信，你在每一阶段、每一件事上都用心、认真了，等待你的结果便不会太差。即使一时受挫或失败，你可以允许自己焦虑、烦闷，时间到了，便收拾情绪，重新出发。你要去相信，时光且长，你终将长成自己想要的模样，拥抱独属于你的未来。

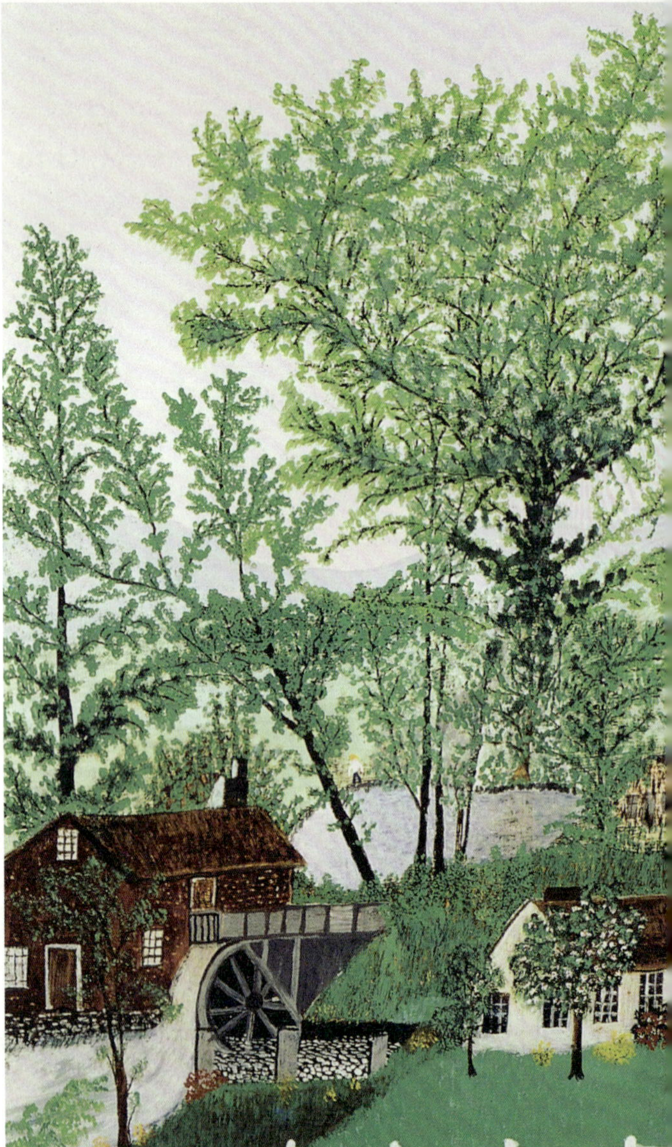

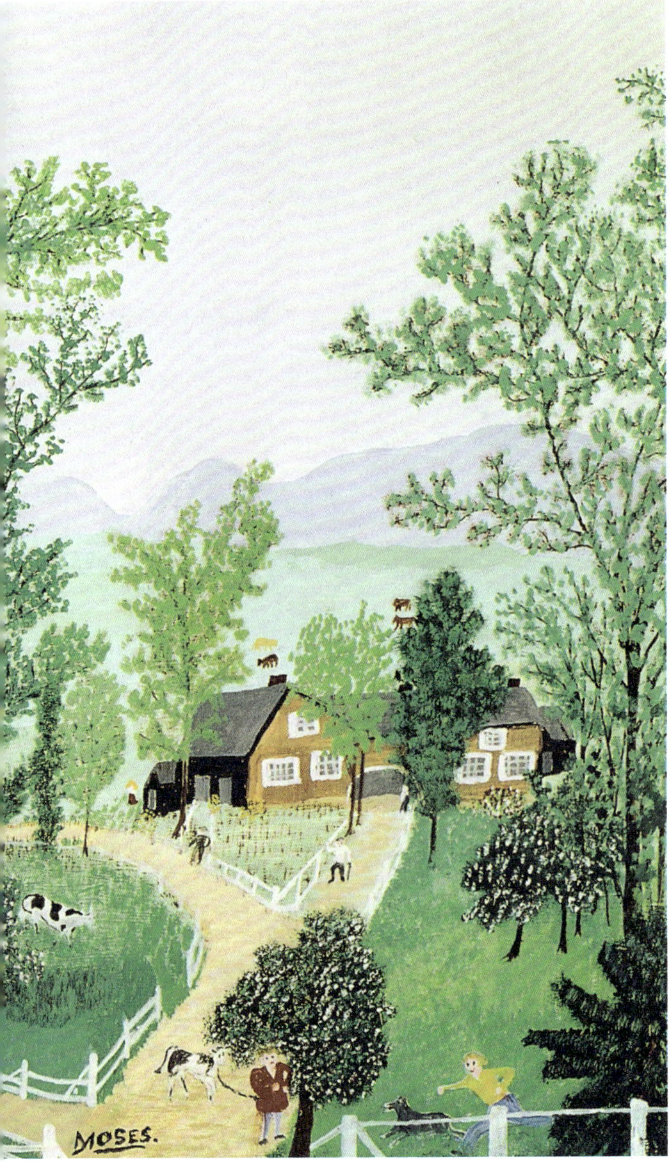
MOSES.

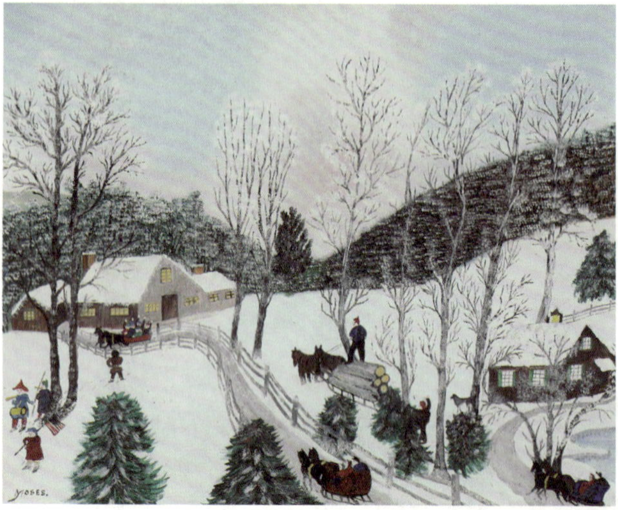
MOSES.

第五章 人生，竟是如此甜美

回顾过去，我的生命就像是一天的工作，
我因它的圆满结束而满意。
我开心而又满足。
我认为最好的生活就是充分利用生活所提供的一切。

*I look back on my life like a good day's work,
it was done and I am satisfied with it.
I was happy and contented,
I knew nothing better and made the best out of what life offered.*

你曾历经沧桑，体会人生艰难，原以为你会有所抱怨，不曾想，你的表达唯剩感恩。

喜欢这样的女子，她可以没有倾国面容，没有满腹诗华，她有的只是全身心浸入日子的勇气。她生火、做饭、奶娃、烧茶、料理家事、打点庄园，她兴许不曾听说罗密欧与朱丽叶的故事，她却熟稔地知道何时播种何时收获、在外劳作的男人最爱哪种烟丝。她不曾离开家乡，领略异地美景，她却能叫出庭院每朵花每棵小草的名字。远方归来的孙女不解地问，奶奶，你的一生有意思吗？她说，我最大的幸福，便是守护这儿，等待你们归来，给你们一个完好如昨的家。

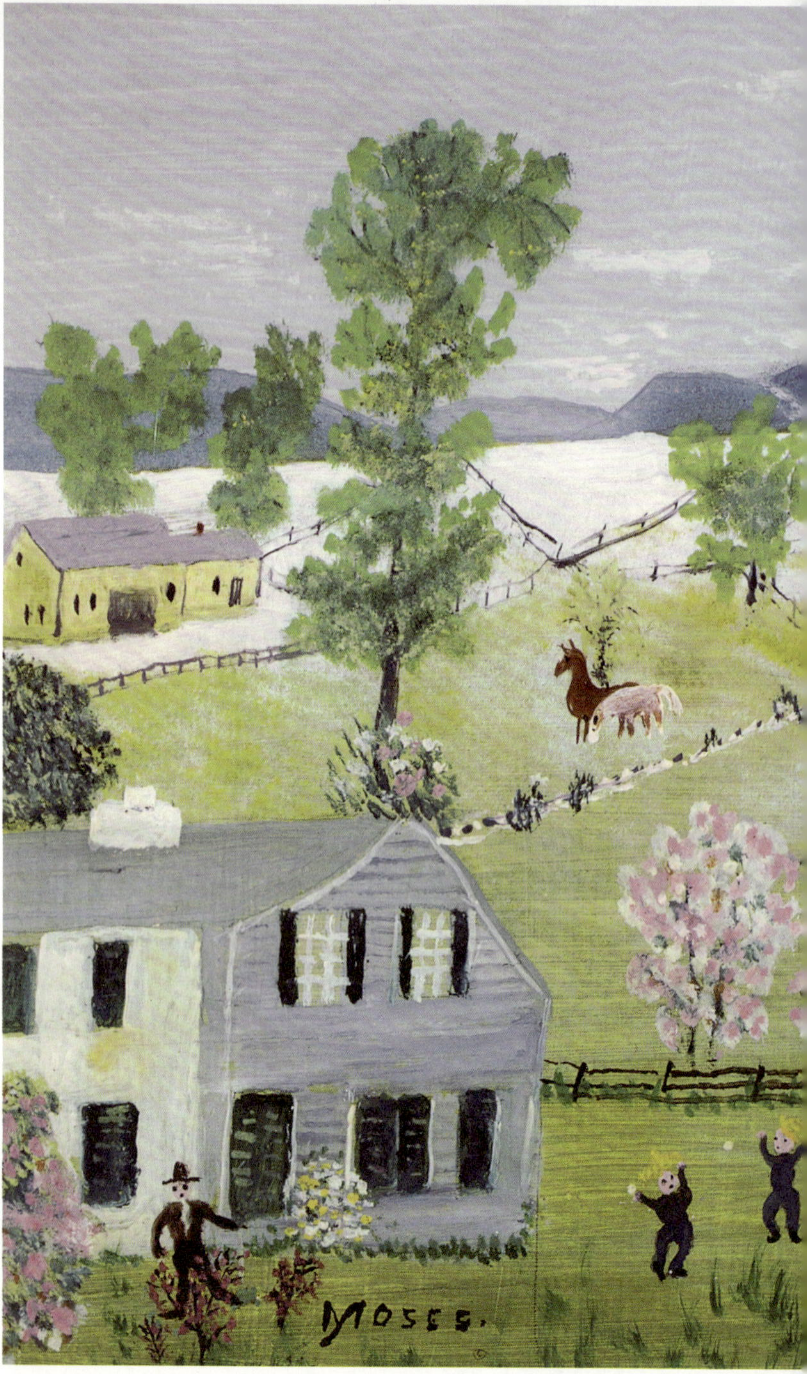
MOSES.

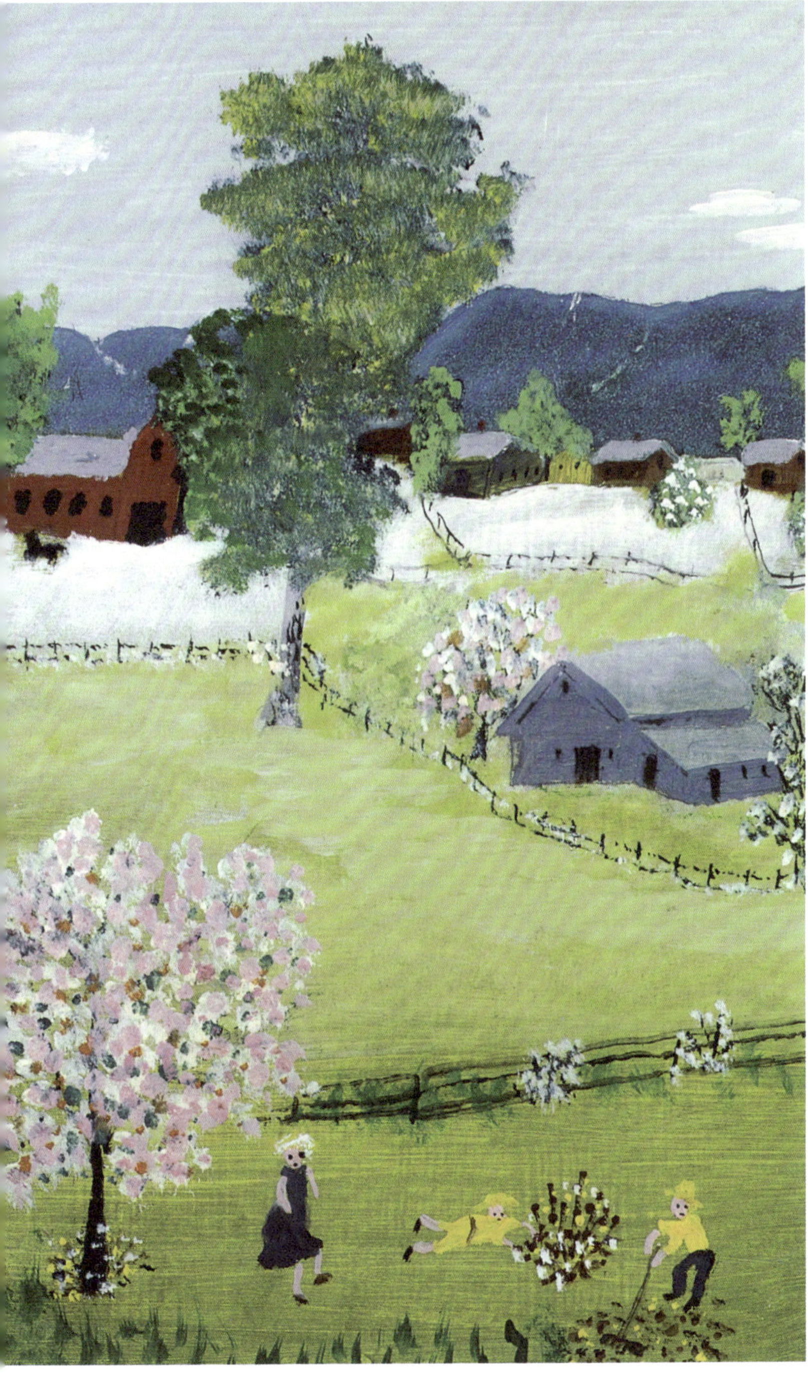

如她般的女子，可以是摩西奶奶，亦可以是你的奶奶或是祖奶奶。一朋友说，她很羡慕她的奶奶。奶奶甚至不知道政治为何物，却一生历经战乱、国变、饥饿。爷爷被抓壮丁，她家里家外操持，拉扯养育三个孩子，年老的她却依旧保持身上的白衬衫整洁如新；饥荒年代，别家都揭不开锅，她总能变魔法似的，在满锅红薯之外端出一碗白净的米饭。通过奶奶这一代人，你能最深地体会到女子的坚韧、蓬勃的生命力，你不曾听到她对命运的丝毫抱怨，她不关心时局或是历史，她关心的永远只是如何护全子女、家泰平安。她的嘴角、眼眸乃至周身，散发着祥和平静，时光于她，都慢了下来。

摩西奶奶说："现在大家都过上好日子了，所以事情变简单

她的嘴角、眼眸乃至周身，
散发着祥和平静，时光于她，都慢了下来。

我 100 岁了，但是我感觉我是个新娘，
我最想做的就是回到开始，再重新来过。

了，人们不需要那么辛苦地工作了，可是人们却要担心更多的事情。有时我在想，过去虽然辛苦，但是我们却更开心些。"一直以来，摩西奶奶都坦然地接受一切。结婚前,她从事女佣15年，嫁给农场雇工摩西后，她在家打理家务，她制作黄油、出售薯片，生育十个孩子，却五个死于襁褓。在绘画之前，她制作的果酱和蜜饯在当地很有名。72岁，她去照顾患结核病的女儿安娜，接触到刺绣，76岁抱怨关节炎拿不稳针，接受妹妹建议，开始以绘画替代，直至101岁去世，她留下了11个孙辈、31个曾孙辈和无数的惊叹她的人们。生活于她并不容易，然100岁的摩西奶奶却曾说："我100岁了，但是我感觉我是个新娘，我最想做的就是回到开始，再重新来过。"

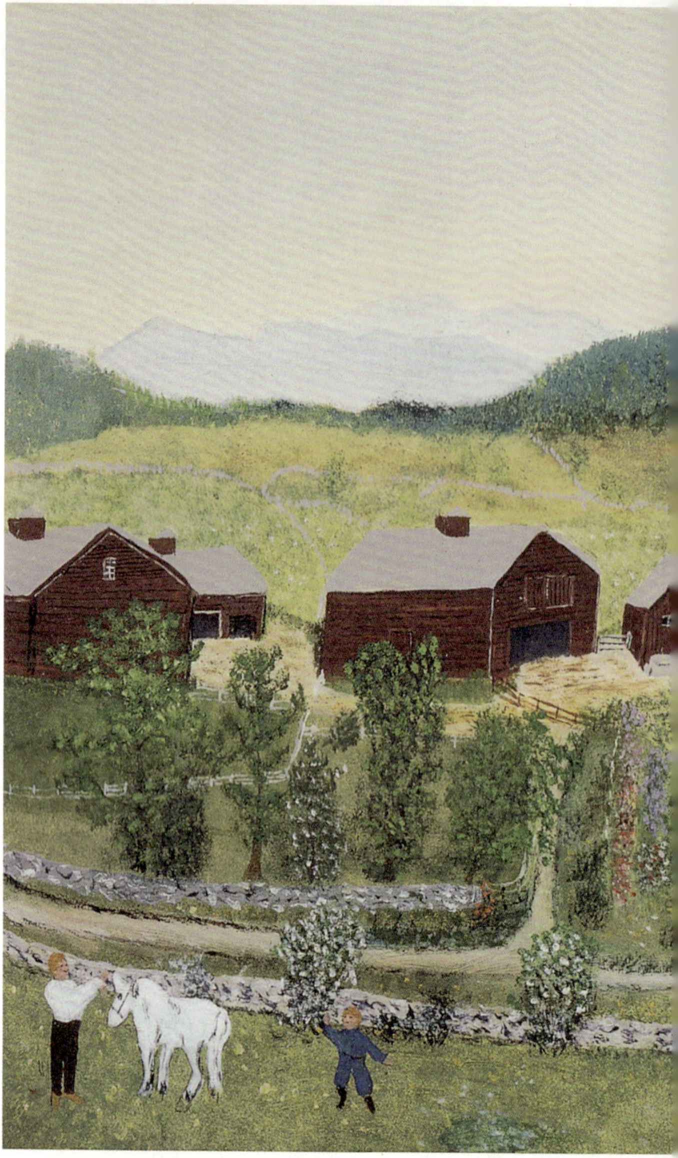

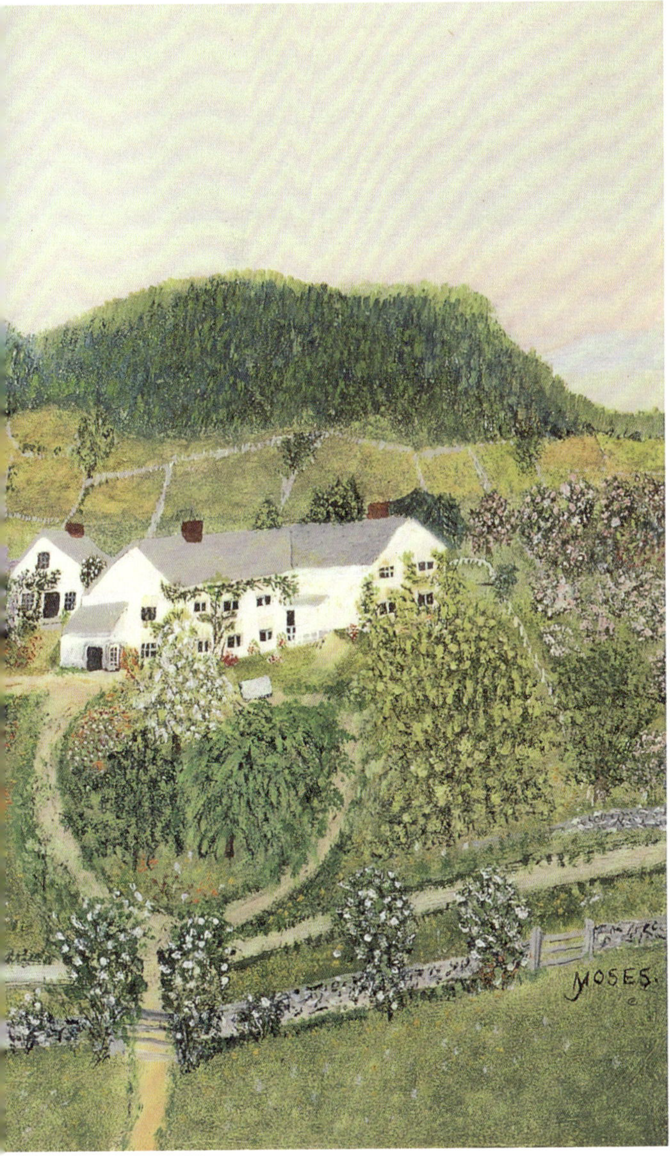
MOSES.

在你感觉人生艰难时，总有那么一些人，她甚至不懂你口中的乐观精神与自己何关，她也不曾意识到自己有多坚强，她所坚信的是：生活赋予了我什么，我便接受它，并且用力让自己生活得更好。她有着最质朴和最简单的生活哲学，让自认为比她懂得多的你自惭形秽。

生活并不容易，可你却依旧能让它变得美好。生活的美好与否，不是与生俱来的特质，是体验、经历它的人给它添加的评价标签。同一种生活，有人抱怨它的无趣、单调，有人却可以让日常生出花儿来，你是生活中有花的女子吗？

愿你永不曾历经沧桑，淡然处世，波澜不惊。

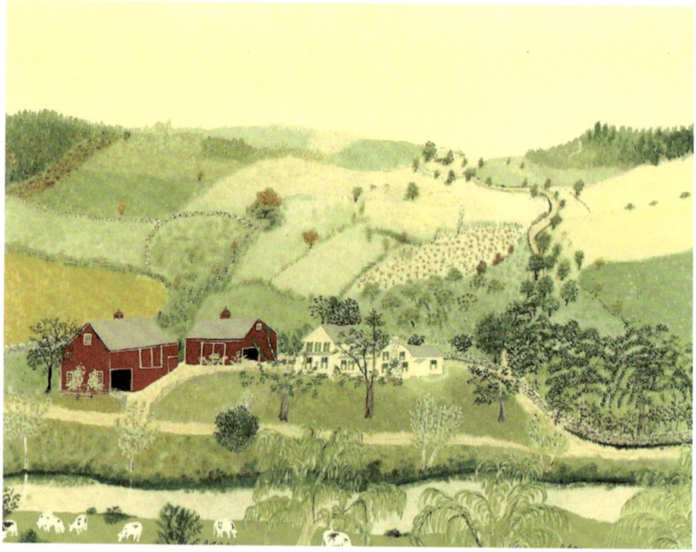

第六章　最浪漫的事是陪你慢慢变老

眼睛为她下着雨,
心却为她打着伞,这就是爱情。

Eyes are raining for her, heart is holding umbrella for her, this is love.

在农场，夕阳下，摩西奶奶陪伴她生病的伴侣享受着生命最后的阳光，不由得回味起曾经的爱恋，微笑不由自主在嘴角绽放。

那年你十七八岁，心中默默住进一个人。你不敢声张，假装淡定，经过他身旁而不言语。你靠近他的朋友，旁敲侧击打听他的一切。你记住他的生日、他的喜好，甚至他喜欢的女孩特点。仅仅一个眼神接触，再多一秒你便会脸红。与他在楼道相逢，两人独处了几秒，你的心脏便漏跳了几拍。无人知晓，你平静的外表下，经历着怎样的惊心动魄。那年，你知道了一个词，叫作暗恋。

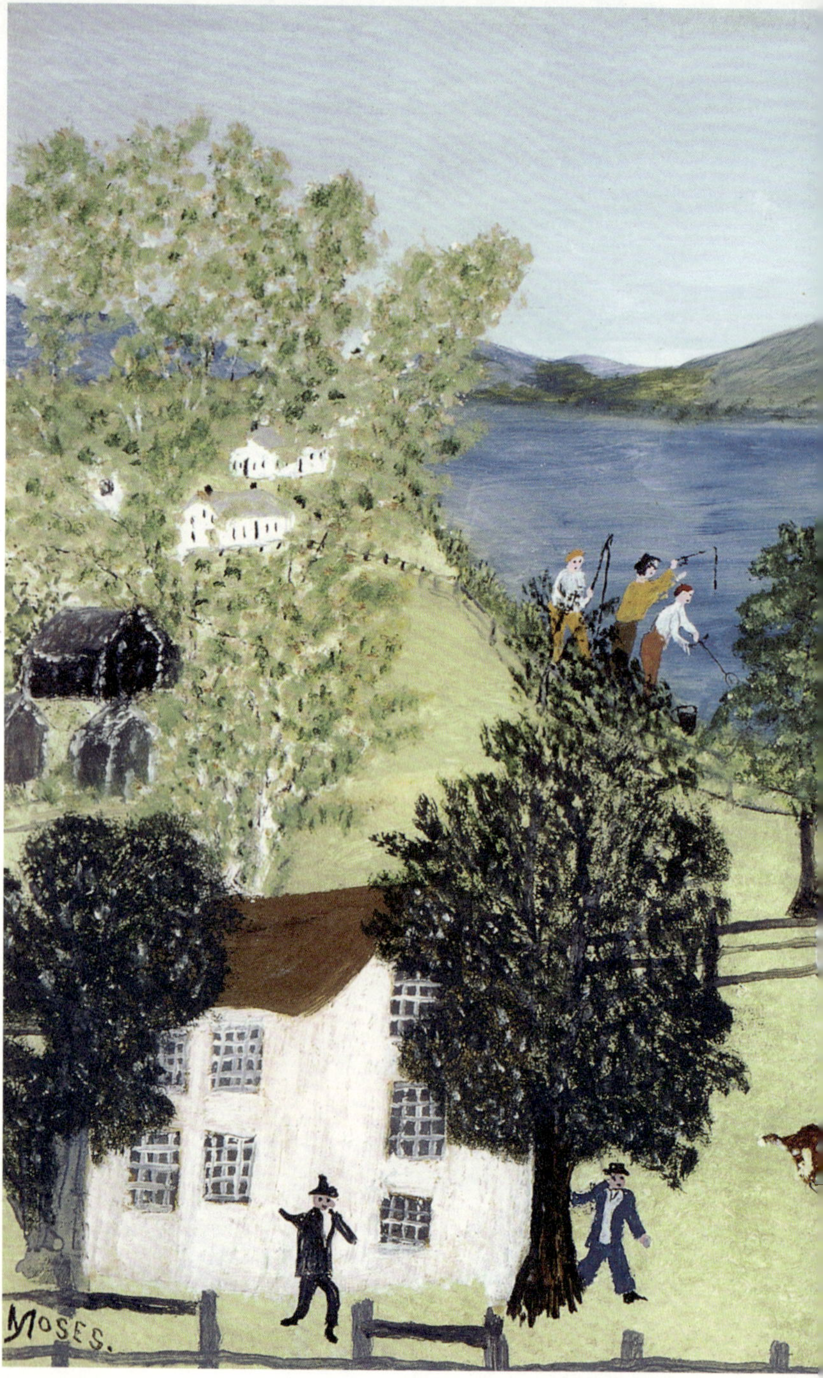
MOSES.

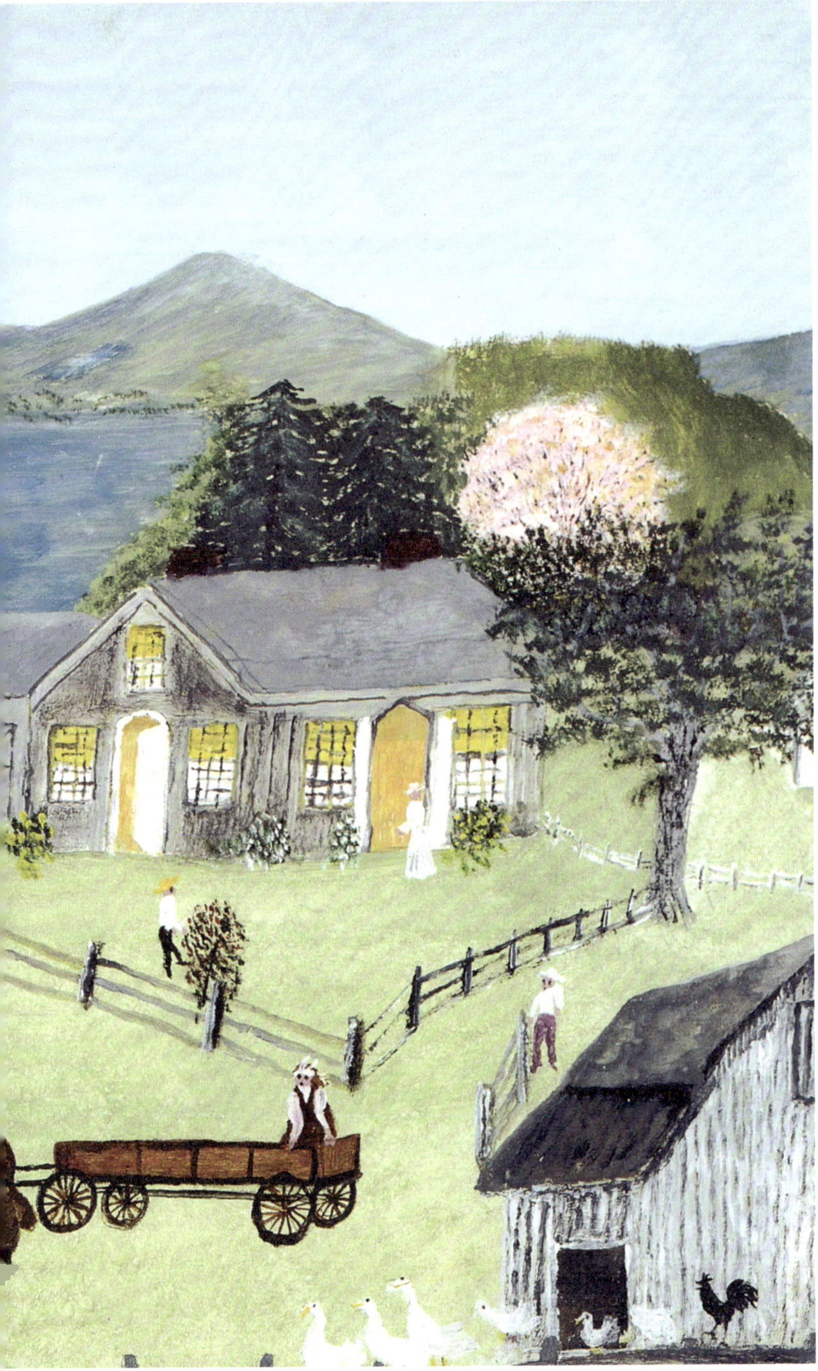

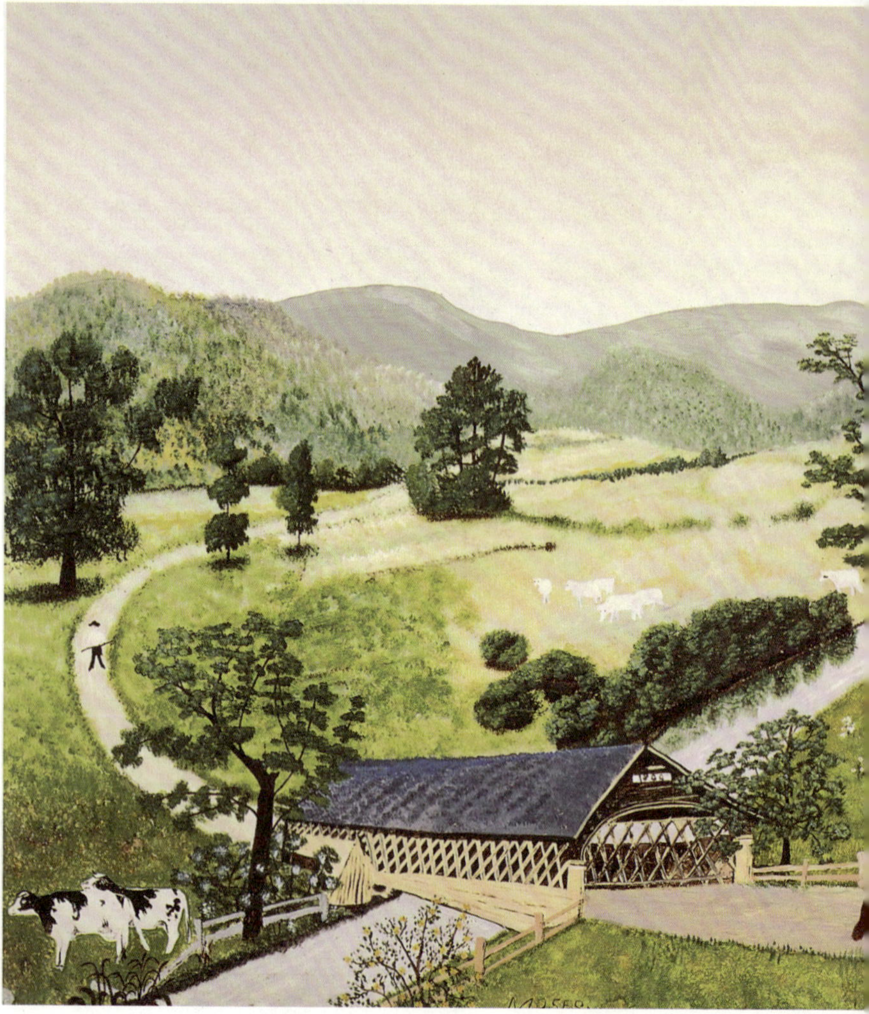

那年你年方二十，闯进了某个人的心里。他的目光似有若无地寻觅着你，身边朋友开始有意无意地将你与他扯到一起。你眼中的他变得笨拙，会为自己的偶尔说错话而郑重致歉。他组织一次次朋友聚会，各种理由拉上你。他对你诉说他的一切，向你打听各种问题。他与你半开着玩笑，试探你的心意。他相信了你的装傻，选择了打死不说。那年，你朦胧地体味了被喜欢的滋味。

那年你二十一二，手被人第一次牵起。刹那间，世界在你面前消失，你的眼里满满都是他，愿随这双手走南闯北，行走天涯。你开始相信，原来一切想象过的美好，都是现实存在的。你开始相信,真的存在"另一半"，与他的短暂分别,心里都会变得空洞，寝食难安。那年，你真切地体味到了一个美好的词，叫作恋爱。

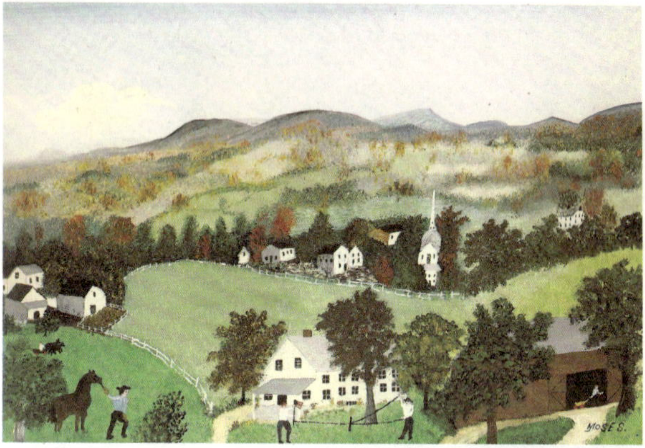
MOSES.

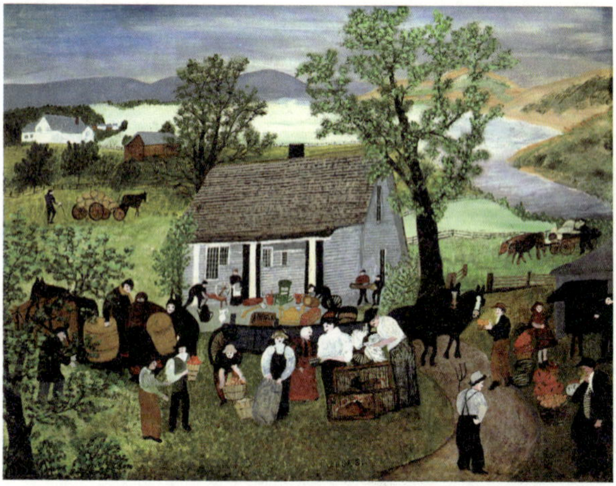

95

暗恋、被喜欢、恋爱，在回忆里都化作一股清甜的甘泉，给伤过痛过的心灵以滋润。有人说，我喜欢当年喜欢你的我。你回顾爱恋，沉溺旧日爱恨，何尝不是念想往昔年轻的自己，怀念曾经那个勇敢爱的自己。

　　恋爱往下走，便是陪伴。喜欢两个人待一块，即使互相不言语，也是自然舒服的。他包容你的小情绪，你清楚他的小癖好，

偶尔吵架也要当天和好。有他在的日子,你便心安。在他的怀抱里,冬日不再有严寒。

伴侣是如此奇妙的关系,你们没有血缘关系却胜似亲人,你与许多人阴差阳错却最终选择了他,你们互为陌生人二十几年却成了彼此最信任的人,他成了你生命中最重要的人。摩西奶奶原名安娜·玛丽·罗伯森,在 27 岁时遇到雇农托马斯·萨蒙·摩西,与他结婚。在这之前,安娜·玛丽从事女佣 15 年,在这之后,她逐渐被邻居称为"摩西妈妈",乃至后来广为人知的"摩西奶奶"。如不曾遇到摩西,她的生命轨迹将会改变,兴许也不会有之后的摩西奶奶传奇。

陪伴,是最长情的告白。每每看到华发夫妻互相扶持,牵手对视,便觉得这是爱情的最美画面。有一个人,愿意守护你,任岁月来去,不离不弃,陪伴你慢慢变老,这便是爱情最大的浪漫。

第七章　唯有温暖与爱让我们活下去

有一次，我梦见大家素不相识，
醒来后，才知道我们原来相亲相爱。

Once we dreamt that we were strangers.
We wake up to find that we were dear to each other.

人活世上，若没了牵挂，便如无根的浮萍，游离漂荡，孤苦无依。

你说，这些年漂泊在外，已经习惯一个人的生活。你一个人吃饭，一个人睡觉，一个人走走停停，甚至一个人自我对话，孤独于你，已是常态。你以为心似硬冰，难再融化。直到那天，接到远方的电话，说她病倒了。灯火璀璨的街旁，手握电话的你泪如雨下。她是你的软肋。

每个人都有软肋，亲情是许多人共同的软肋。你赤条条来到这世上，来不及感恩遥远的造物主，两个叫"爸爸"和"妈妈"的词语便占据身心。于你，这两个词是活的，他们是抚摸拥抱

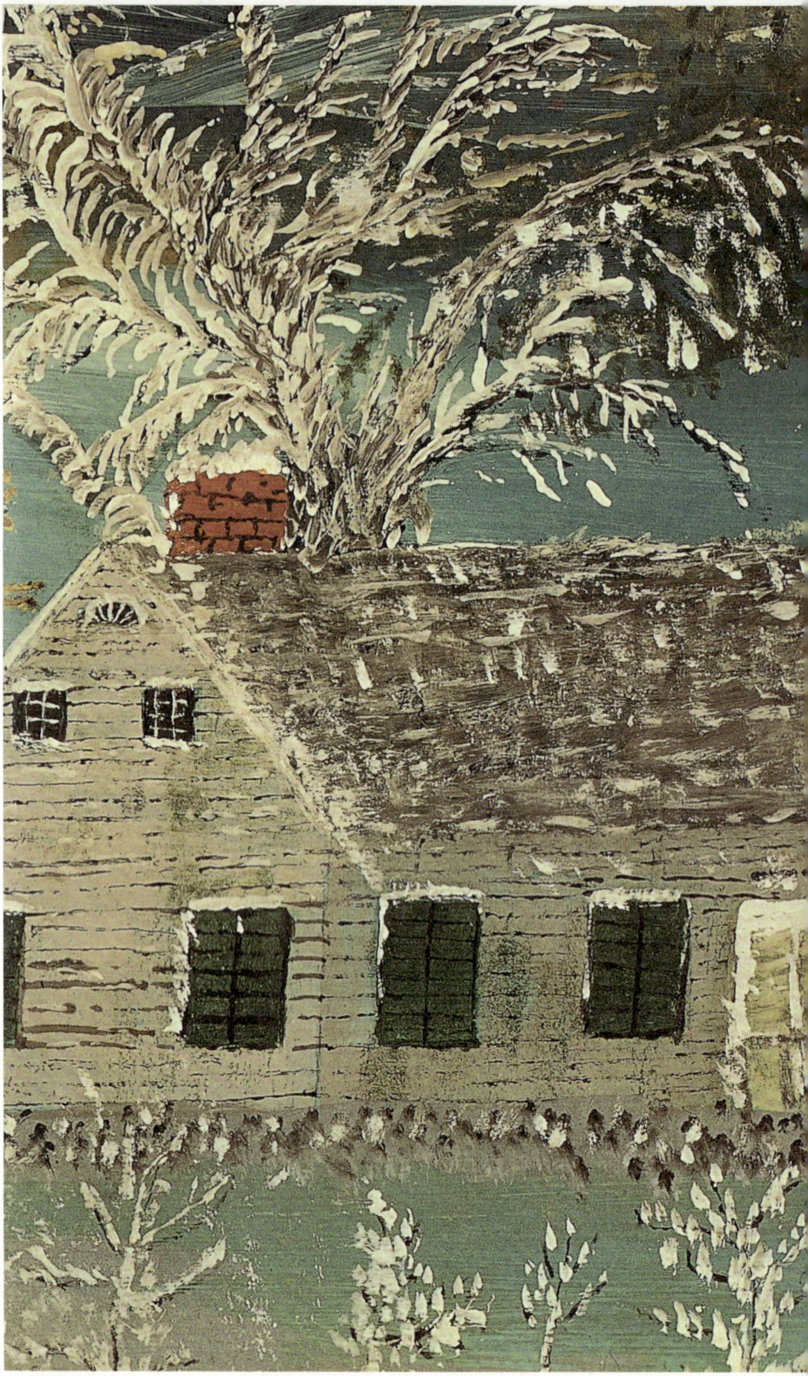

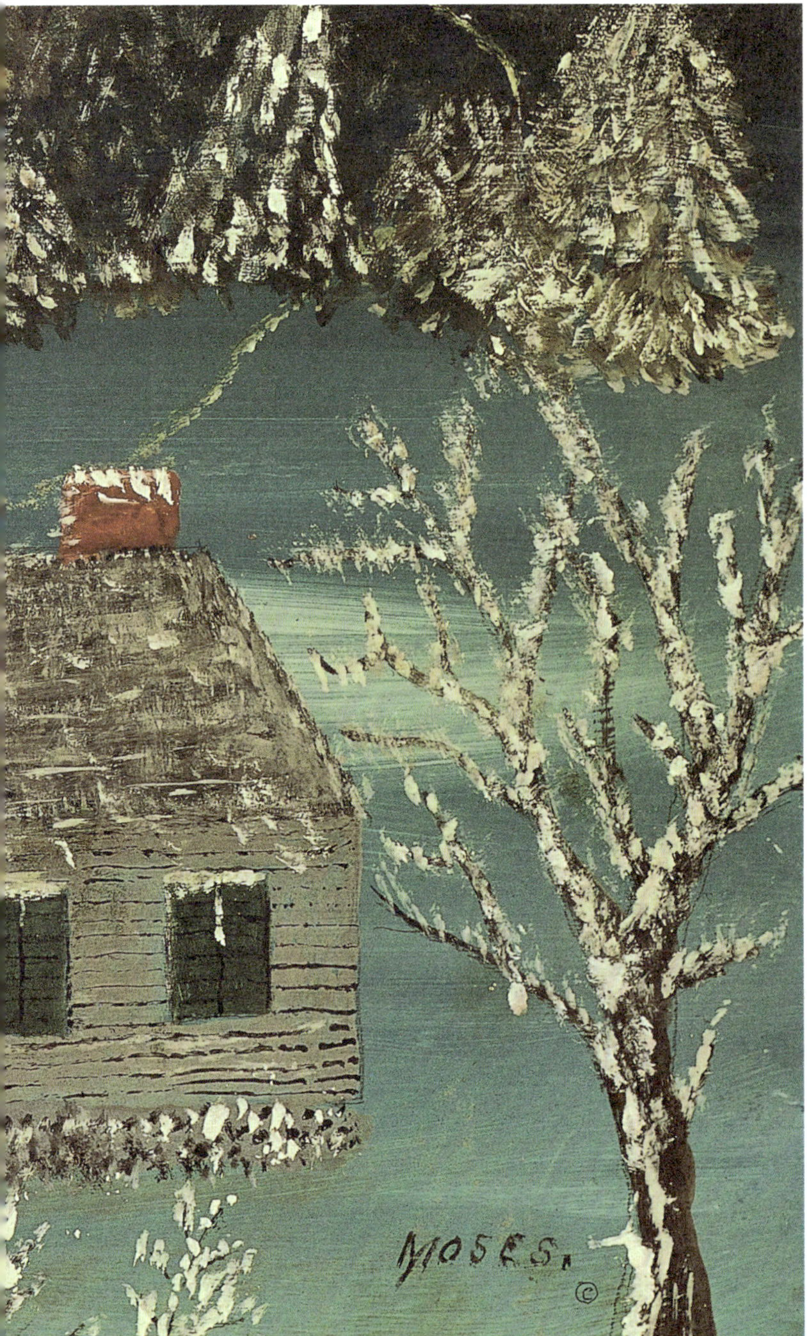
MOSES.
©

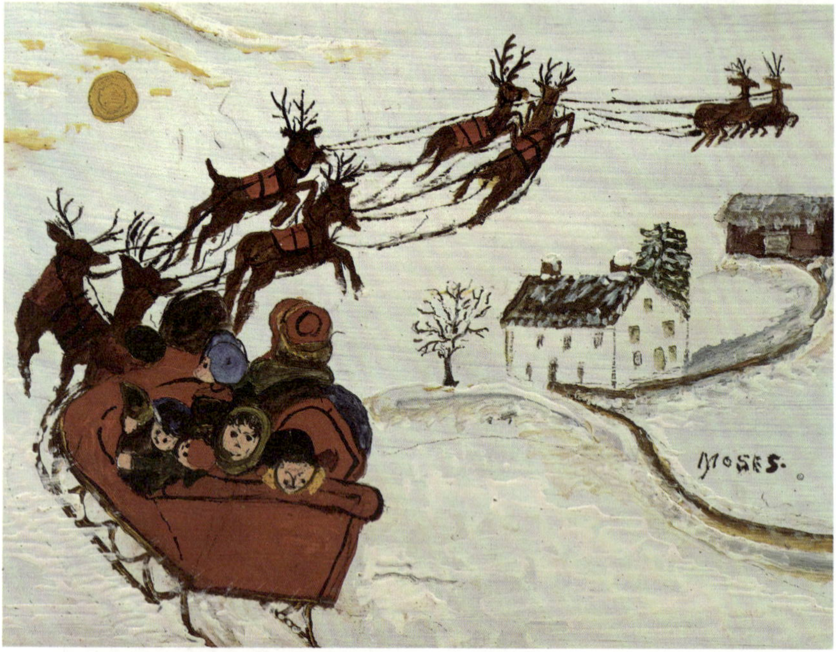
MOSES.

你的柔软臂弯，是怕你饿着渴着的牵肠挂肚，是牵你走带你跑的小心翼翼，是送你远行盼你归来的热切目光。他们成了你的力量来源，他们是校正你行为的人生准绳，他们是心底最不能触犯的尊严底线，他们是残酷世界温暖你的力量。

一朋友新晋为人母，数月中，想见她，她总说，"我忙着呢，来了个磨人小主，寸步不得离开。"再见面，她让我们真真是吃了一惊，散乱的头发胡乱一扎，运动短衣裤，素颜的脸上写满挂念。难以想象，她也曾是天天细高跟、非化妆不出门的精致女人。我们笑问，"升级后，感觉如何？形象倒是大转变呀。"她笑答，"别笑话我了，终有一天你们也会深有体会的。一场自然而然的蜕变。"聚不到两小时，她又匆匆离去，只因家有小儿，嗷嗷待哺。

过惯单身生活的女子，想到结婚、生小孩，多有紧张甚至恐惧。难以想象整天围绕一个只会吃喝拉撒的小儿，自己吃睡难安，没有自由，放弃社交圈，放弃身材，放弃玩乐。然总有一天，大多数的她们会升为人母，天性般，接受这份突如其来而又自然而然的转变，成长为一个完整的女人。

你的突然来临，曾让一个女人欣喜而期待。十月怀胎，一

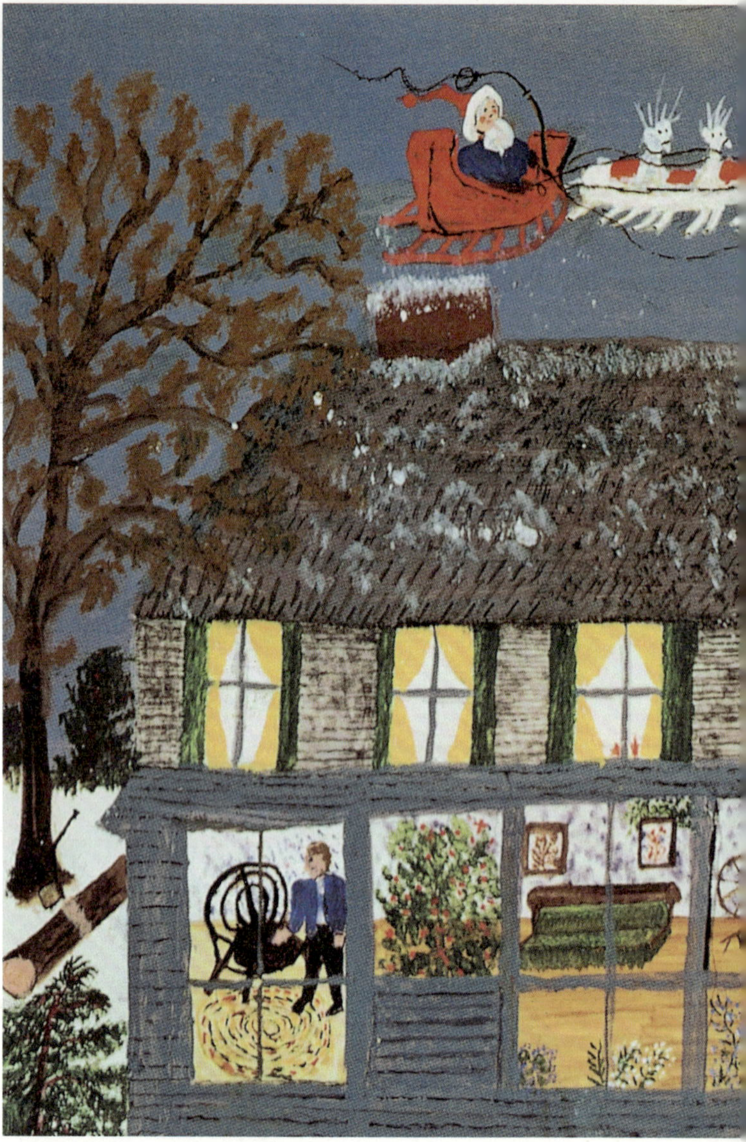

在爱和温暖中沐浴过的孩子，都不会太绝望。
有一天，他们也终将为人父为人母，将这份爱与温暖代代相传，生生不息。

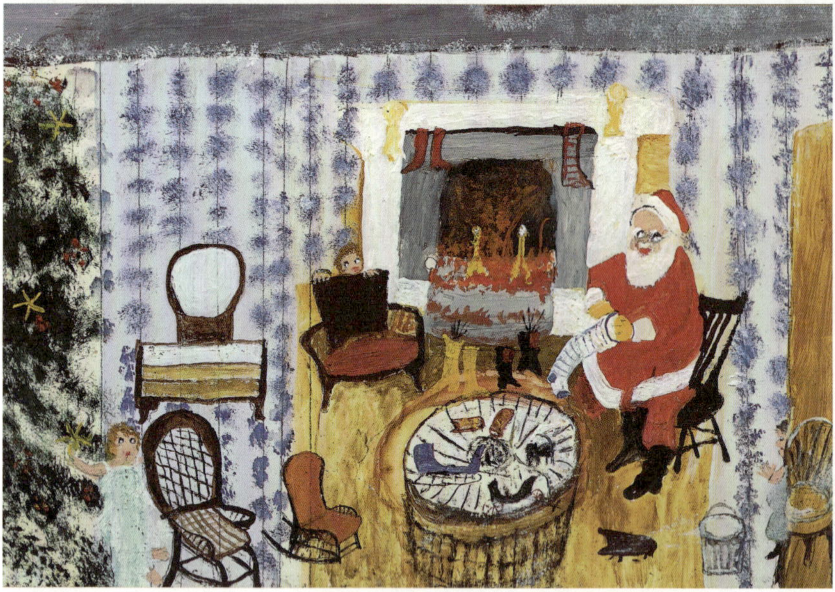

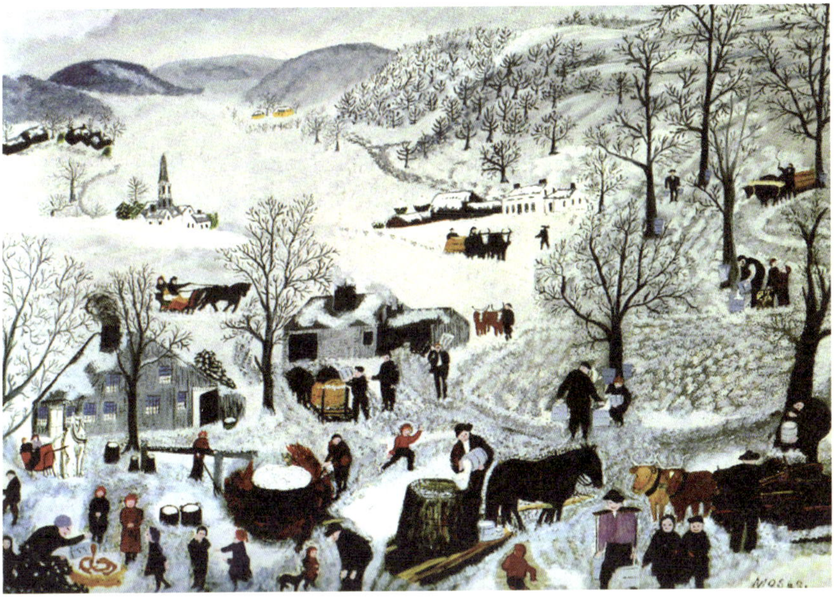

朝分娩。你脱离了她，她却注定离不开你。儿时，她盼你健康成长，长大后，她望你平安幸福。你的圈子越来越广，留给她的空间却越趋狭小。而她却一如既往，心里满满装着的都是你。有人说，母爱是一场重复的辜负。产房外，医生抱出啼哭的婴儿，丈夫、婆婆都追随孩子而去，只有她守着问医生，我的孩子如何？可一切安好？只有她，在此刻，满心挂念着你的周全。而筋疲力尽、躺在病床上的你，满心欢喜的是孩子的平安降生。1931年，已71岁高龄的摩西奶奶赶到本宁顿，照顾患结核病的女儿安娜，在安娜不幸去世后，即使当时的她已到了需要被照顾的年龄，她依旧留下来照顾孙子，将对女儿的爱转移到了女儿的孩子身上。

朋友说，小生命刚来临时，几乎一宿一宿地没睡好。直至四五个月后，方能陪伴着他偶尔睡个安稳觉。他睡觉时，身体转圈睡，踢到你了，你还不敢动，怕一动，就把他弄醒了。一直没舍得让他磕着碰着，甚至连蚊子印都极少有，可那天，竟然让他从沙发上掉下来了，吓得你直发抖，所幸无碍。六个月后，婆婆将他带回老家，现在是一到周末，就来回两头跑，不累是假的，可你心甘情愿。当他撕心裂肺的啼哭终于平歇时，你却失眠了，你只愿他永远好好的。养儿不易，如今，越发感念父母恩情。本能般，我的爱却都给了自己的孩子。

世界如此残酷,唯有温暖与爱让我们活下去。你终于长成,独立面对世界,体味生活不易。你曾委屈、遭遇挫折、历经失败,痛恨这个时代,吐槽这个城市,也想到过放弃。可当你想到爱你的他们,想到他们因为你而拥有的担当和坚强,你便重新拥有了力量。在爱和温暖中沐浴过的孩子,都不会太绝望。有一天,他们也终将为人父为人母,将这份爱与温暖代代相传,生生不息。

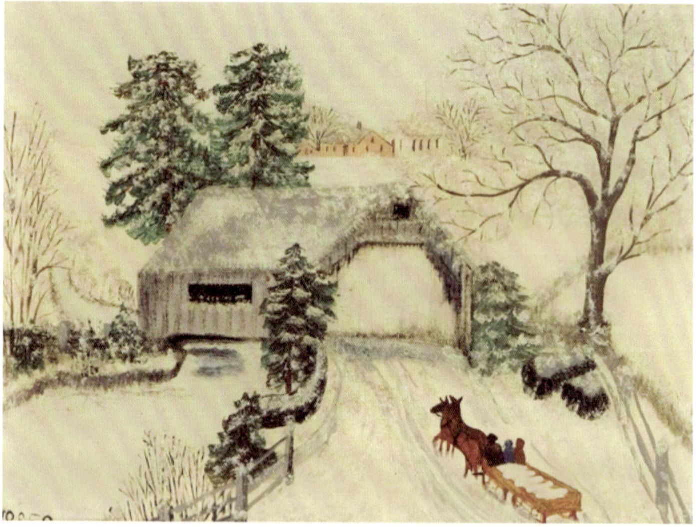

第八章　我们都将找到表达世界的方式

如果你足够了解某个事物，
你是可以将它画出来的。
但是人们却宁愿将时间花在一些鸡毛蒜皮的小事上。

*If you know something well,
you can always paint it, but people would be better off buying chickens.*

我们在迷惘中前行，不断尝试，不过是为了寻找到适合自己的表达方式，立身于这个光怪陆离的世界。

不知何时开始，艺术变得奢侈起来。绘画、音乐、器乐、舞蹈，渐渐都与不菲的学习费用及专业考核挂上钩。没有经过系统的学习，没有获得专业评级，你似乎都不好意思承认自己对它的兴趣，不少出身贫寒的年轻人开始自觉地为自己关上了这道门，抹杀了自己可能潜存的天赋。

而摩西奶奶曾说，"我不建议任何人将绘画作为一个职业，除非他们非常有才华，或者因为残疾而丧失了劳动能力。"在摩西奶奶看来，绘画是动用身体机能相对较少、易于操作的技能。

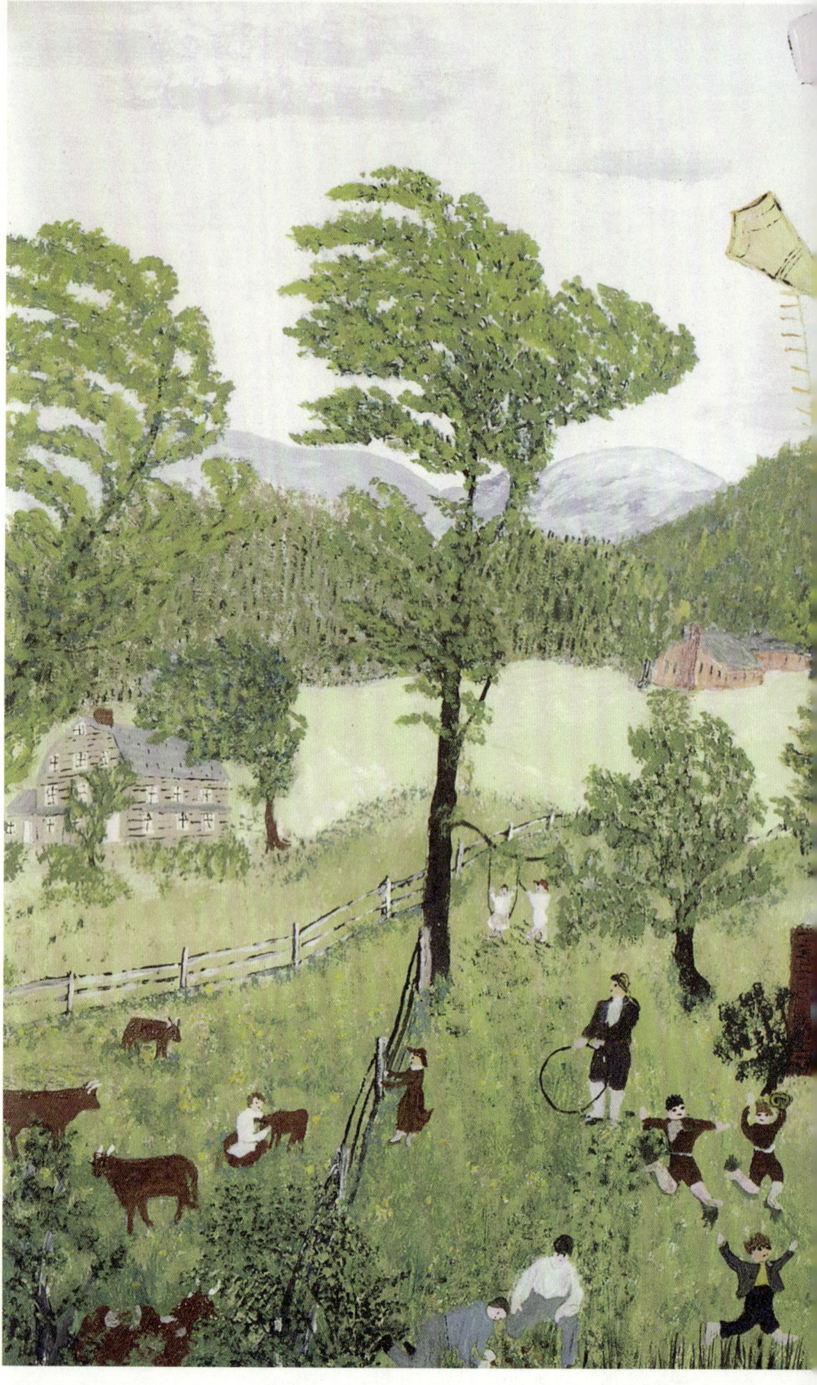

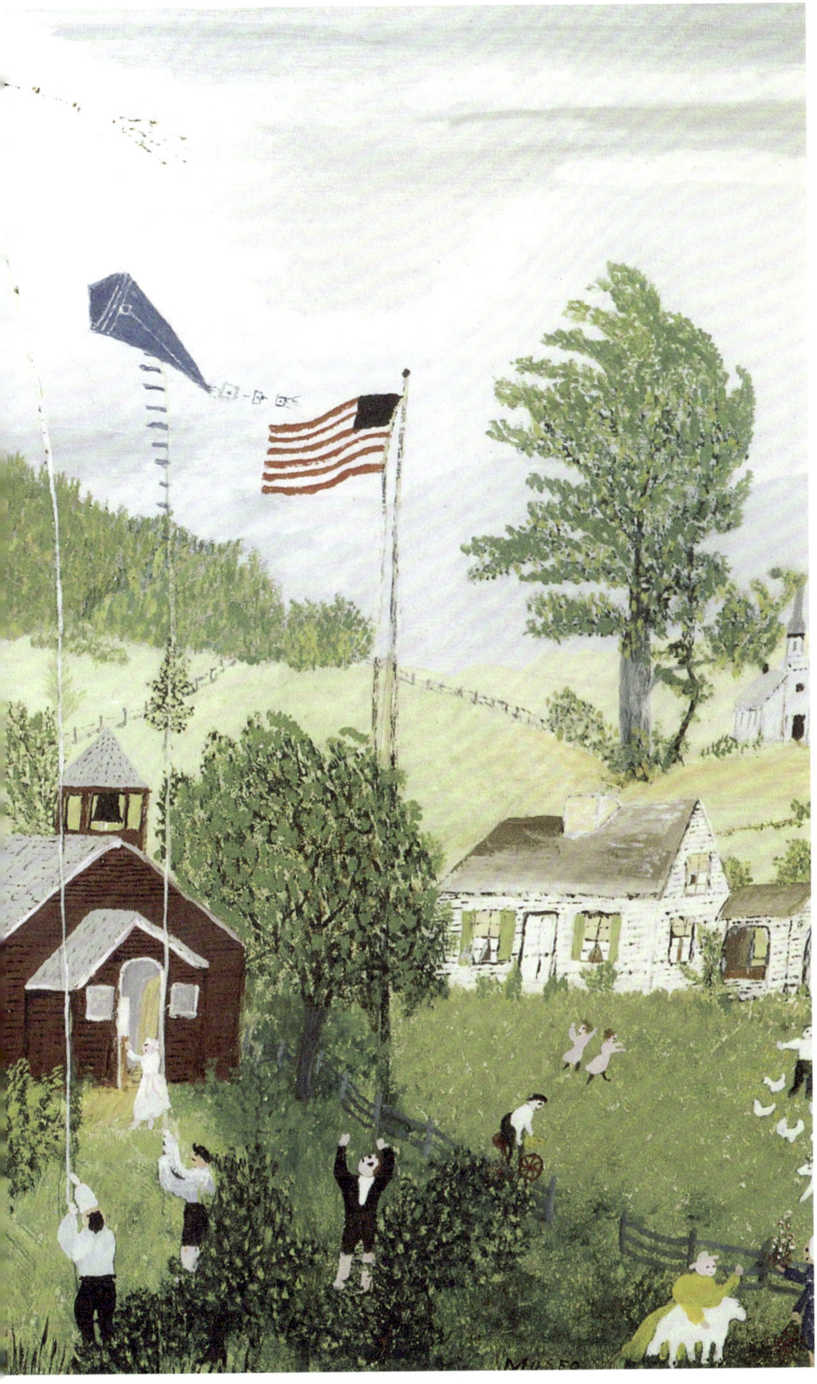
MOSES

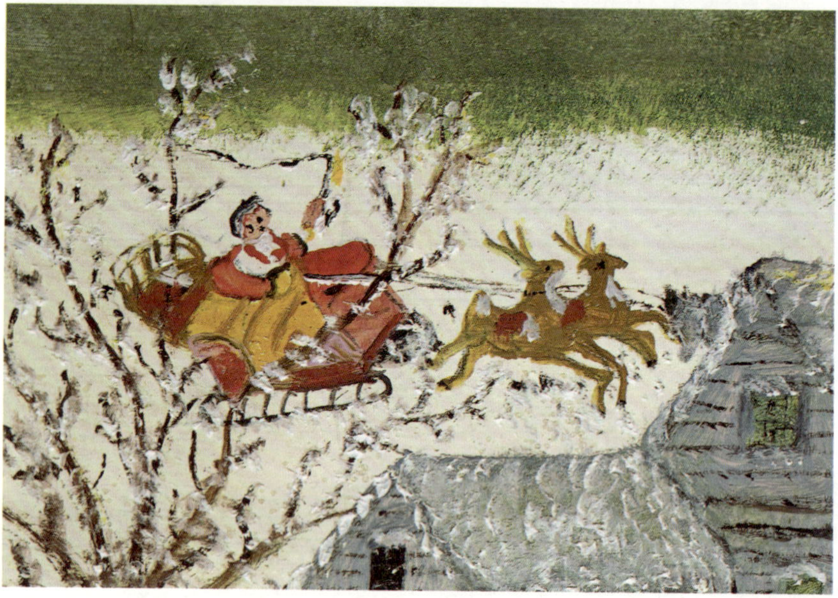

当她基本丧失劳动能力后,她便开始了绘画。她不曾专门学习,凭借记忆,即兴创作,她说,"如果你足够了解某个事物,你是可以将它画出来的。"她的绘画,纯粹是出于热爱。

绘画、舞蹈或是歌唱,其都源自于劳动人民。它们并非戴着"高帽"出身,甚至在很长一段时间,他们都只是人们自娱自乐的方式。只是当它们成了社会热捧、赚钱的行当后,消费与学习它们,才渐渐成为少数人的特权,成为贫穷难以触碰的奢侈品。你遵循内心的热爱,尽管去画、去跳、去歌唱,无须考虑诸多,享受它们带来的欢乐即可。

自主意识强烈的个体,都希望寻求一种适合自己的表达方式,去告诉你所认知的世界。至于表达媒介,可以是语言、文字、

色彩、肢体动作、音符甚至一个简单的手势。不同的表达媒介选择，聚合成了一个个圈子，个体从中获得认同与归属感。媒介并不是重要的，重要的是你要表达的是什么，重要的是你所坚持的是什么，重要的是你是否具备自己独一的个性。

有人说，我喜欢画画，当年没条件学习便放弃了，现在想重拾，却觉得晚了。你能如此说，只能说明你对画画还不够热爱，你把它仅仅当作专长，却没有上升到一种表达方式，融进日常生活。一般儿童天生就会涂鸦，你也可以从涂鸦、描摹开始，将你认知的世界，用色彩去表达。你不必担心，自己画出来的事物太过平常，即使同一片天空，在不同观者的眼中都会有所不同。凭着热爱，你去呈现了，去表达了，方能体味平凡中的个人特色。

愿你保有初生婴儿般的好奇，去感知，去探索，去体验，寻找到适合你的方式去表达，去创作，拥有独属于你的作品。

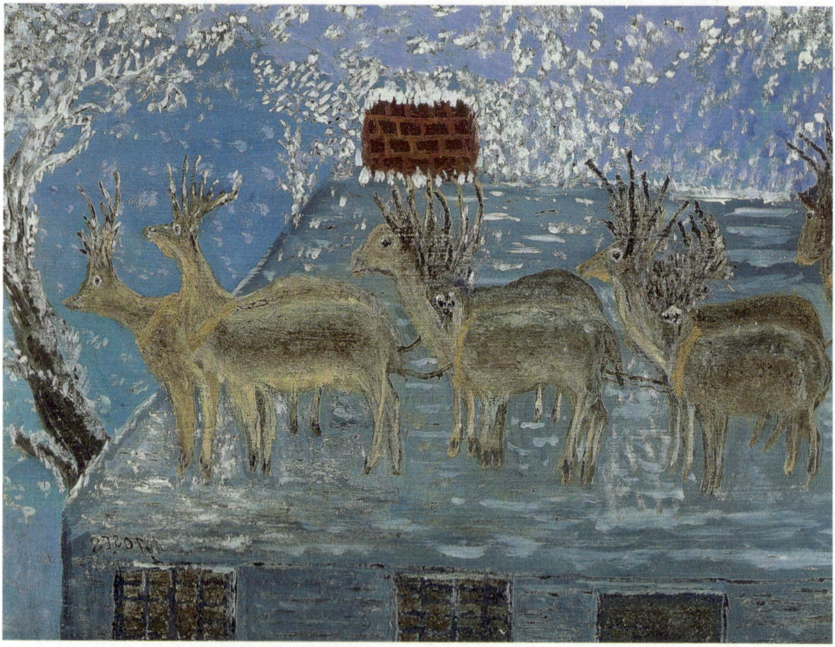

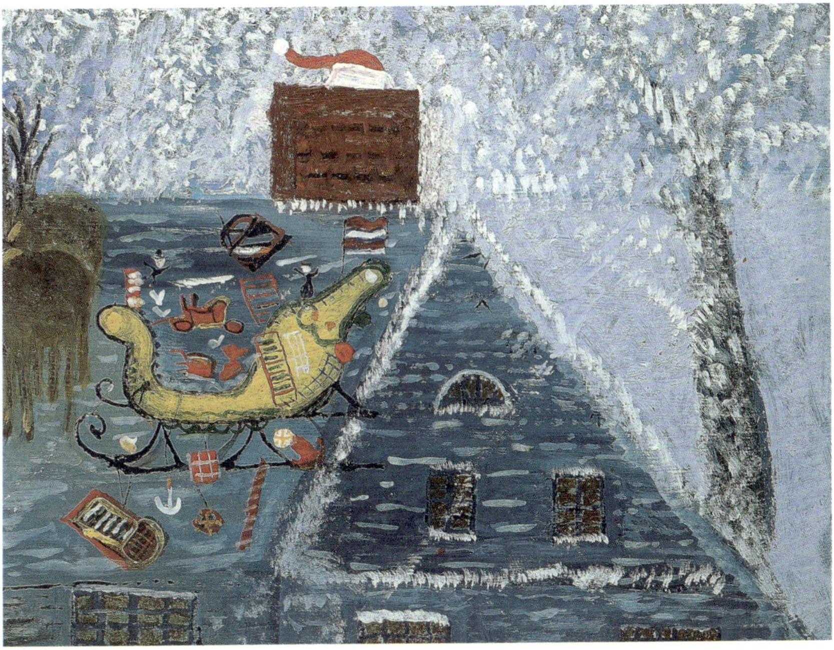

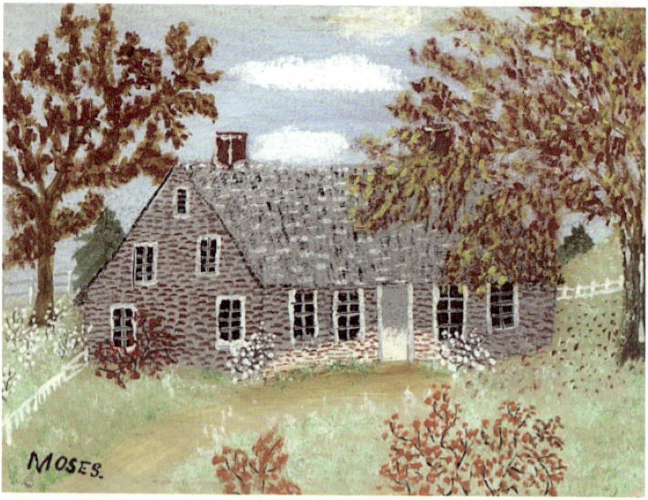
MOSES.

第九章　岁月静好

当我和拥挤的人群一同在路上走过时,
我看见您从阳台上送过来的微笑,
我歌唱着,忘却了所有的喧哗。

While I was passing with the crowd in the road,
I saw thy smile from the balcony and
I sang and forgot all noise.

生命如流水，历经起伏波澜，终将归于静深澄明。

时年摩西奶奶100岁已过，预感已走到人生边缘。

人有几个时期，尤为安静。一个是熟睡的婴儿，心中无所牵挂，闭上眼，世界于他便消失不见；一个是初次感到胎动的孕妇，小心翼翼，害怕一抬足一顿首，便惊扰了腹中的小生命；一个便是预感到归期将至的老人，开始练习放下的旅程。彼时的摩西奶奶便是安静的。

放下执念。年轻时的你，总想着向这世界证明点什么，想要弄出点动静，以宣示自己的年轻。你对某些不甚明了的信仰有着莫名的坚定，你狂热地去爱，换来切齿的恨。你恨不得将

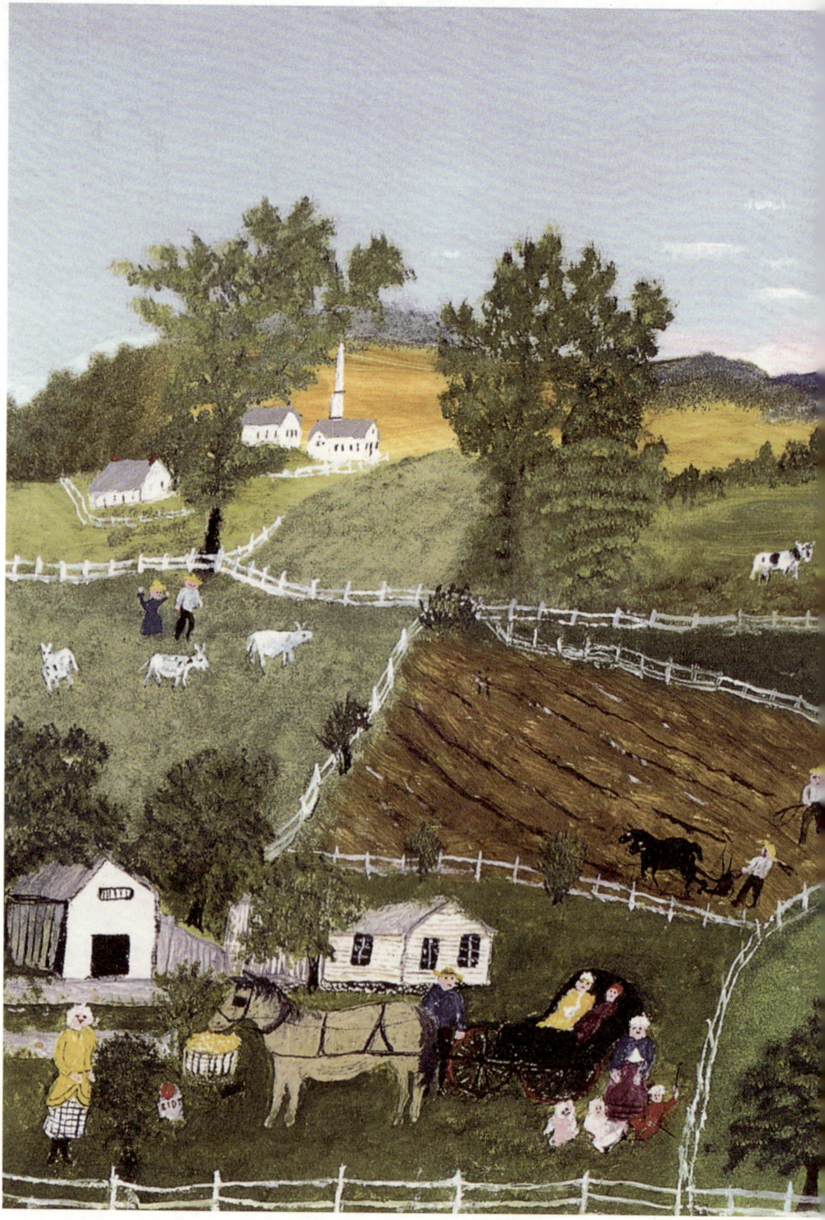

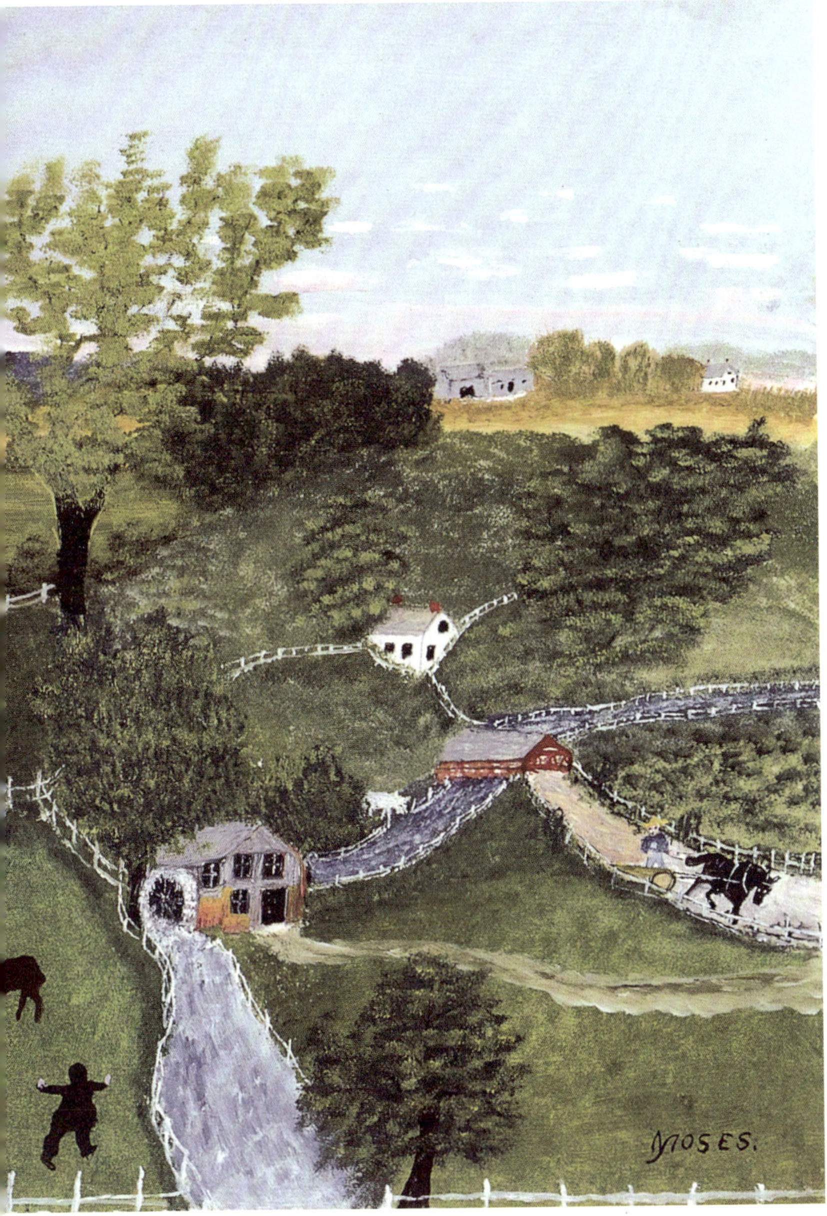
MOSES.

一切情绪扩大化，方能意识到自己真切地活着。即使错了，你也要错得彻底，错得印象深刻。不固执，不成活。人到老年，越发包容，看到年轻人身上自己曾经偏执的影子，也只是笑笑，不刻意去教育、去纠正。不需理由的固执，本是青春该有的模样之一。年老的你自以为好心好意地去指出、去劝诫，何尝不是你的执念，认为人生应该早明事理，少走弯路的执念。

放下欲望。一路走来，颇为平顺，然内心愈难满足。家庭和美、经济小康时，内心不满，拼命工作，物质渐渐宽松。内心依旧不满，补加学习，精神似乎丰富。内心还是不满，只因旁邻左舍、亲朋好友都已迎头赶上，无比较优势而心有郁闷。直到那天，身体出现危机，痛苦非常，你愿意拿一切去换取健康而未能时，你才意识到，这些年来一心追求功名，过度消耗了皮囊，捡了芝麻丢了西瓜。病后的你，被迫回归到自然养生的生活，去感

内心的欲求减少了,活着也就简单了。

知身体的每一个信号，皮肤的触感，咳嗽的震颤，一呼一吸间的心脏跳动。你发现，人活着，衣食住行可以如此原生态，嘲笑自己曾经对名牌的趋之若鹜，原是受了虚荣心的支配。内心的欲求减少了，活着也就简单了。

接受生命中的不完美。儿时的你，追求完美，手工课上制作小板凳，稍有差错，你便一次次重新来过，想要达到心中的最好。经历多了后，你越发意识到人生本充满无奈。你无法在升学考试出现失误后，一次次要求重新来过，你无法要求你喜欢的女孩（或男孩）也正好喜欢你，你无法决定肚里的宝宝是男是女，你无法确保面临经济危机时自己不被失业。即使前面这些你都力求最好，并完成目标，保不准哪一天，老天打了个盹，让你遭遇了一场意外或是突发灾害，你看似完满的前半生瞬间坍塌。大多数的我们，许是走到人生边缘，方能练习与曾经历的伤痛和解，接受生命中的不完美，在七十分的人生答卷里，尽力去趋近八十分。

  彼时的摩西奶奶安静度日，握住画笔变得越发困难，可她依旧坚持每日绘画。简单的生活，让时光变得悠长。走到人生边缘，执念和欲望都渐渐放下，生命回归单纯。回忆里，好的坏的一并接纳，与自己和解，接受生命中的缺憾。唯愿岁月静好，内心从容。

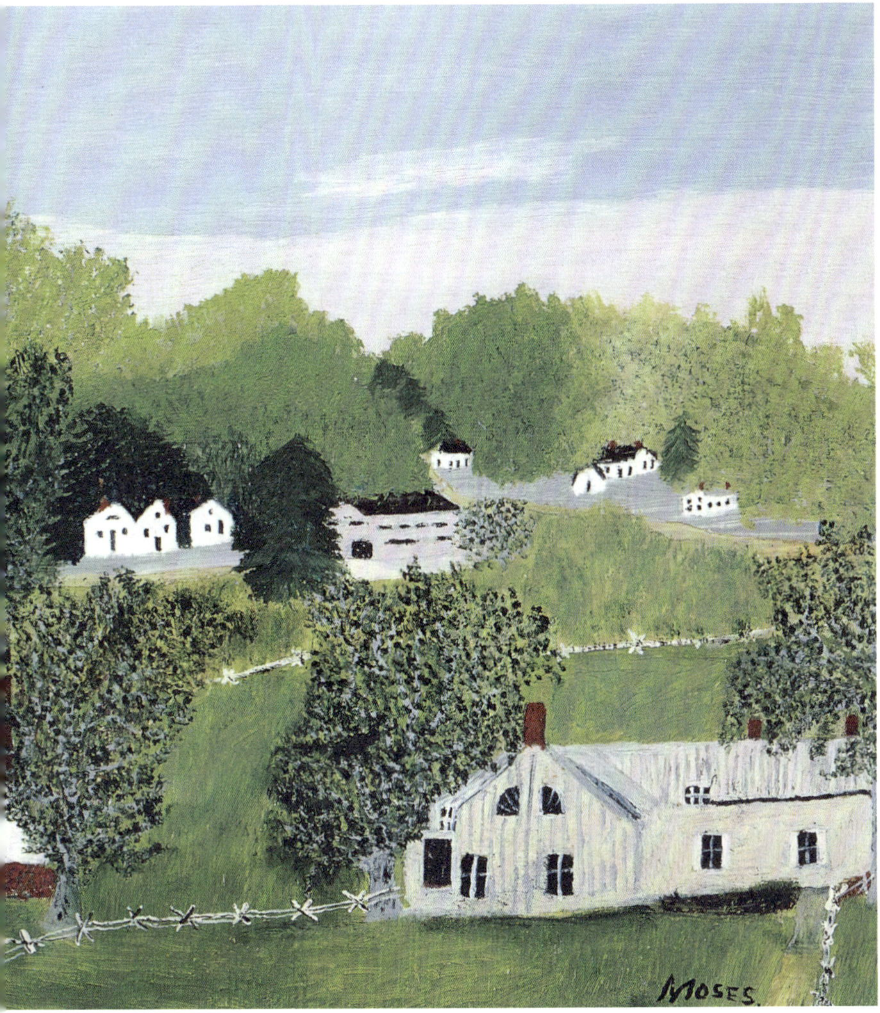
MOSES.

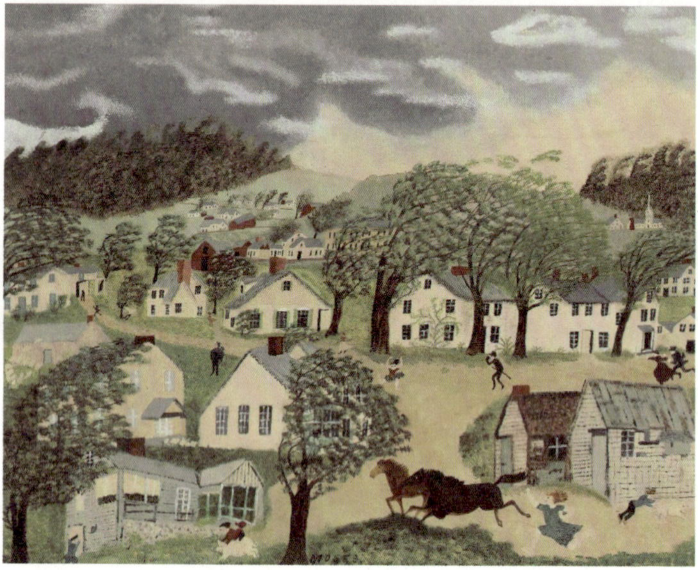

附：安娜·玛丽·罗伯森·摩西年表

1860 年
安娜·玛丽·罗伯森于 9 月 7 日生于美国纽约州格林威治村，她在家中十个孩子中排行老三，母亲是玛丽·沙纳汉，父亲罗素·金·罗伯森是一名农夫。

1872 年
她离家作为"农家女佣"在邻近的农场工作。安娜·玛丽在她未来 15 年的大部分时间里都以这样的方式生活，学习如何为那些富裕的邻居们缝纫、做饭、做家务。

19 世纪 70 年代
她和她为之工作的家庭的孩子们一起上了几年学。

1887 年

11 月 9 日，安娜·玛丽嫁给在同一家农场工作的雇工托马斯·萨蒙·摩西，夫妻俩搬到弗吉尼亚州，在那里他们作为佃农工作了数年，直到攒够了钱自己买下了一块地。摩西太太自己制作黄油和薯片贴补家用。她生了十个孩子，其中五个死在襁褓之中。

1905 年

摩西一家返回纽约州北部，买了一座位于鹰桥的农场，这里距离安娜·玛丽的出生地不远。

1909 年

她的母亲和父亲分别于 2 月和 6 月去世。

1927 年

1 月 15 日，托马斯·萨蒙·摩西死于心脏病。

1931 年

她来到佛蒙特州的本宁顿，照顾患结核病的女儿安娜。在安娜的建议下，制作出第一幅精纺刺绣画作。在安娜去世以后，她留在那里照顾她的两个孙子。

1935 年

她回到鹰桥，和小儿子休、他的妻子多萝西以及他们的孩子们住在一起。开始专注绘画，在当地的展览会和慈善义卖等活动中展示她的作品。摩西后来回忆道，她的水果罐头和果酱曾经在乡间展览会上获过奖，但她的画却什么奖也没得到。

1938 年

一个旅行中的工程师兼业余收藏家路易斯·卡尔多，在纽约州胡希克佛斯发现了摩西展示的画作，卡尔多誓言让摩西出名，但是她的家人嘲笑这个想法，他送给摩西她有生以来第一份专业艺术家所用的绘画颜料和画布。

1939 年

在卡尔多的推动下，三幅摩西的画作被列入在纽约现代艺术博物馆会员室展出的名为"当代不知名的美国画家"的展览（10月18日至11月18日），展览不开放给一般大众，因此没有太大影响。大多数卡尔多接触的艺术品交易商拒绝支持一个79岁的艺术家。

1940 年

纽约圣艾蒂安画廊的拥有者奥托·卡里尔，被卡尔多邀请参观了摩西的画作,并参观了首次为单个女性举办的展览"一个农妇的画"(10月9日至31日)。11月,吉姆贝尔斯百货重点介绍了摩西的作品《感恩节庆典》,她出席活动并得到媒体和公众的一致好评。

1941 年

作品《老橡木桶》在纽约州锡拉丘兹雪城美术博物馆(现艾佛森艺术博物馆)获颁纽约州奖,这幅画由 IBM 公司的创始人托马斯·J. 沃森收购。名人如凯瑟琳·康奈尔和科尔·波特开始收藏摩西的作品。

1942 年

在西德尼·詹尼斯所著的《他们自学成才》(纽约:戴尔出版社)一书中有一章专门介绍摩西奶奶,她的三幅画也被同名的展览陈列(玛丽·哈里曼画廊,纽约,2月9日至3月7日);摩西在纽约的美国英国艺术中心做了题为《安娜·玛丽·罗伯森·摩西:借用私人收藏品举办的画展》的演讲(12月7日至22日)。

1944 年

圣艾蒂安画廊恪守其对摩西的承诺,举办了两个展览展示她的作品(2月的"摩西奶奶的新画作",12月的"摩西奶奶")。

1944 年

奥托·卡里尔开始组织大范围的巡回展览，在未来 20 年中把摩西的作品带给数不清的美国城市。

1945 年

摩西成为在纽约麦迪逊广场花园（11 月 13 日至 18 日）举办的"妇女国际博览会：和平时期的女人生活"重点介绍的艺术家。

1945—1950 年

由他人代为出席在宾夕法尼亚州匹兹堡举办的卡内基学院年度评审展活动。

1946 年

通过出版第一种摩西贺卡和最畅销专著《摩西奶奶：美国原始主义者》，摩西在美国的知名度显著提升。一千六百万摩西奶奶圣诞贺卡被售出，摩西的画被理查德·赫德纳特口红广告特别命名为"原始红"。

1947 年

经过扩充的第二版《摩西奶奶：美国原始主义者》出版，霍尔马克公司接管摩西的圣诞和问候卡的代理业务；在纽约圣艾蒂安画廊举办个人画展（5月17日至6月14日）。

1948年
第一件大幅彩色复制品由纽约亚瑟·贾菲彩色照相公司制作；在纽约圣艾蒂安画廊举办题为"摩西奶奶的十年"的画展（感恩节—圣诞节）。

1949年
2月摩西的儿子休去世。5月她前往华盛顿特区，因她的"杰出的艺术成就"而获颁女性全国新闻俱乐部奖，并获得哈里·S.杜鲁门总统接见。她同时也在华盛顿特区的菲利普斯画廊举办了题为"摩西奶奶的画"的画展（5月8日至6月9日）；6月接受位于纽约州特洛伊的拉塞尔·塞奇学院授予的名誉博士学位；被收入爱丽丝·福特所著的《美国画报民间艺术：新英格兰到加州》；里弗代尔面料公司开始生产根据摩西的画作制作的布幕，同期阿特拉斯（中国）公司发布了一系列的画板重点介绍四幅摩西的画作。

1950年
由杰罗姆·希尔制作，埃丽卡·安德森拍摄，阿奇博尔德·麦克利什解说的关于摩西奶奶的彩色纪录片，入围奥斯卡奖；摩西的作品第一次在欧洲展出，由美国信息服务公司提供资助（维也纳、慕尼黑、萨尔茨堡、伯尔尼、海牙、巴黎，6月至12月）；全国新闻界第一次庆祝摩西奶奶的生日；在纽约州奥尔巴尼和艺术学院举办题为"摩西奶奶：90岁生日的画展"的纪念展（9月7日至10月15日）；她被收录进让·李普曼和爱丽丝·温彻斯特所著的《美国的原始主义者画家》一书；奥托·卡里尔建立了保护组织"摩西奶奶资产"，管理她的版权和商标，后续的许可项目主要是印刷复制和住宅用途项目。

1951年

3月接受宾夕法尼亚州费城摩尔学院授予的名誉艺术博士学位。4月她从老农场转移到更舒适的马路对面的平房居住，女儿薇诺娜·费舍尔接管家中的日常事务。

1952年

由奥托·卡里尔编辑的摩西奶奶的自传《摩西奶奶：我的生活的历史》出版；改编自这本自传，由莉莲·吉什饰演摩西的电视节目《实况戏剧》上映；12月圣诞节期间，圣艾蒂安画廊发布了摩西奶奶的简短回忆录。

1953年

在《纽约先驱论坛报》论坛作为主讲嘉宾；10月20日被选为《时代》杂志的封面人物；皇冠陶器公司制作了基于她的画作《回家过感恩节》的餐具。

1954—1955 年

五幅画作被列入史密森学会为美国新闻署举办的"17 世纪以来的美国原始主义者绘画"欧洲巡回展览（卢塞恩、维也纳、慕尼黑、多特蒙德、斯德哥尔摩、奥斯陆、曼彻斯特、伦敦、特里尔）。

1955 年

为电视系列剧《现在看到了》接受爱德华·R. 默罗的采访。在她 95 岁生日之际，托马斯·J. 沃森和国际商业机器公司（IBM）美术部在纽约的 IBM 画廊做了《向摩西奶奶致敬》的演说(11 月 28 日至 12 月 31 日)。

1956 年

受艾森豪威尔总统的内阁委托，为纪念他就职三周年绘画；出版一套四色复制品《四季》（唐纳德艺术公司，纽约切斯特港）。

1957 年

纽约圣艾蒂安画廊举办题为"摩西奶奶：1955—1957 年间欧洲展览作品的纽约展示"的展览（5 月 6 日至 6 月 4 日）。

1958 年

摩西的女儿薇诺娜·费舍尔于 10 月 14 日去世。她的儿子佛瑞斯特和他的妻子玛丽搬过来照顾她。

1959 年

被 Oto Bihalji-Merin 所著的《现代原始主义者：朴素绘画的大师们》所收录。出版六色的复制品组合《我最喜欢的六件作品》。

1960 年

时任纽约州州长纳尔逊·洛克菲勒宣布她的 100 岁生日为纽约州的"摩西奶奶日"；IBM 画廊在纽约举办了《我的生活的记录：摩西奶奶画作的私人藏品展》（9 月 12 日至 10 月 6 日）来为之庆祝，她本人和她的医生一起跳了一段高雅的吉格舞；由康奈尔·卡帕拍摄照片的封面故事在《生活》杂志上刊登。

1960 — 1961 年

史密森学会举办了题为"我的生活的历史"的巡回展览。

1961 年

摩西奶奶于 7 月 18 日被送到纽约州胡希克佛斯的卫生服务中心；时任纽约州州长纳尔逊·洛克菲勒再次宣布她的生日为"摩西奶奶日"；由摩西绘图的《摩西奶奶的故事书》出版，书中的故事和诗由 28 位作者创作，由诺拉克·莱默编辑，并且包括奥托·卡里尔撰写的传略；摩西奶奶于 12 月 13 日在卫生服务中心去世，享年 101 岁，随后被埋葬在胡希克佛斯的枫树林公墓。

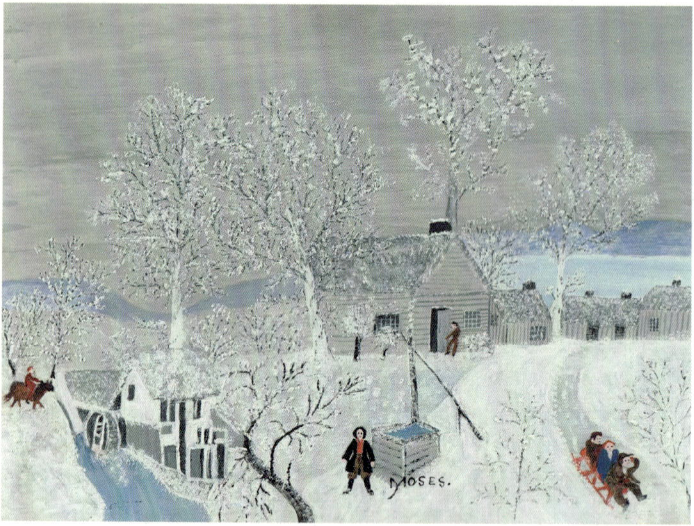
MOSES.

附：安娜·玛丽·罗伯森·摩西入选个人画展

1940年"一个农妇的画"，圣艾蒂安画廊，纽约

1944年"摩西奶奶的新画作"，圣艾蒂安画廊，纽约

1944-1956年 巡回展览：马萨诸塞州、新罕布什尔州、华盛顿特区、蒙大拿州、弗吉尼亚州、加利福尼亚州、威斯康星州、明尼苏达州、得克萨斯州、俄亥俄州、宾夕法尼亚州、北卡罗莱纳州、堪萨斯州、马里兰州、康涅狄格州、阿拉巴马州、田纳西州、伊利诺伊州、爱荷华州、密苏里州、内布拉斯加州、俄克拉荷马州、佛蒙特州、特拉华州、路易斯安那州、印第安纳州、佛罗里达州、华盛顿州、纽约州、南卡罗来纳州

1949年"摩西奶奶的画",菲利普斯画廊,华盛顿

1950年"摩西奶奶:她的50幅画"欧洲巡回展:维也纳、慕尼黑、萨尔茨堡、伯尔尼、海牙、巴黎

1955年"向摩西奶奶致敬",IBM画廊,纽约

1955–1957年 欧洲巡回展:不来梅、斯图加特、科隆、汉堡、伦敦、奥斯陆、阿伯丁、爱丁堡、格拉斯哥

1960年"我的生活的历史",密尔沃基、华盛顿特区、查塔努加、巴吞鲁日、西雅图、拉古纳海滩、沃斯堡、温尼伯

1962年"摩西奶奶:纪念画展",圣艾蒂安画廊,纽约

1963–1964年"40张照片记录一个生命的历史"欧洲巡回展:维也纳、巴黎、不来梅、汉堡、哈默尔恩、富尔达、杜塞尔多夫、达姆施塔特、曼海姆、柏林、法兰克福、奥斯陆、斯德哥尔摩、赫尔辛基、哥德堡、哥本哈根、莫斯科

1968年至今"摩西奶奶画廊"(永久设施),本宁顿博物馆,佛蒙

特州

1969年"摩西奶奶的艺术和生命",现代艺术画廊,纽约

1979年"摩西奶奶",国家艺术美术馆,华盛顿

1982-1983年"摩西奶奶:神话背后的艺术家"美国巡回展:圣艾蒂安画廊;丹佛斯博物馆,马萨诸塞州弗雷明汉;纽约州立博物馆,阿尔巴尼

1984年"摩西奶奶的世界"美国巡回展:美国民俗艺术博物馆;巴尔的摩艺术博物馆;诺顿画廊奇克伍德艺术中心,纳什维尔;乔斯林艺术博物馆,奥马哈;望湖艺术博物馆,皮奥里亚

1987年"摩西奶奶"日本巡回展:伊势丹美术馆,东京;大丸博物馆,大阪

1990年"摩西奶奶"日本巡回展:伊势丹美术馆,东京;大丸美术馆,大阪;大丸博物馆,京都;船桥艺术论坛,船桥;高岛屋博物馆,横滨

1995年"摩西奶奶"日本巡回展:大丸美术馆,大阪;安田开赛

美术馆，东京；下关博物馆，山口；崇光博物馆，横滨

1996年"摩西奶奶：来自过去的图片"，劳德代尔堡艺术博物馆

2001-2002年"摩西奶奶在21世纪"美国巡回展：国家女性艺术博物馆，华盛顿特区；加利福尼亚州圣地亚哥艺术博物馆；佛罗里达州奥兰多艺术博物馆；吉尔克里斯博物馆，俄克拉荷马州塔尔萨；哥伦布艺术博物馆，俄亥俄州；波特兰艺术博物馆，俄勒冈州

2002年"摩西奶奶：美国的反思"，圣艾蒂安画廊，纽约

2003-2004年"摩西奶奶在21世纪"，沃兹沃斯雅典艺术博物馆，康涅狄格

2005年"摩西奶奶"日本巡回展：文化村博物馆，东京；大丸博物馆，京都；大丸博物馆，札幌

2006-2008年"摩西奶奶：国家的奶奶"巡回展：费尼莫尔艺术博物馆，纽约州古柏镇；雷诺兹收藏博物馆，北卡罗来纳州温斯顿-塞勒姆；亨特博物馆，田纳西州查塔努加；克罗克艺术博物馆，加利福尼亚州萨克拉门托；林林博物馆，佛罗里达州萨拉索塔

附：安娜·玛丽·罗伯森·摩西入选文献

1942 *They Taught Themselves: American Primitive Painters of the 20th Century* by Sidney Janis. Dial Press, New York.

1946—1947 *Grandma Moses: American Primitive*. Edited by Otto Kallir. Doubleday & Co., New York.

1952 *Grandma Moses: My Life's History*. Edited by Otto Kallir. Harper & Row, New York.

1961 *The Grandma Moses Storybook*. Edited by Nora Kramer. Random House, New York.

1962 *The Night Before Christmas* by Clement C. Moore. Random House, New York.

1971 *Barefoot in the Grass: The Story of Grandma Moses* by William H. Armstrong. Doubleday & Co., Garden City, New York.

1972—1975 *Grandma Moses*. By Otto Kallir. Harry N. Abrams, (1972); New American Library (1975).

1982 *Grandma Moses: The Artist Behind the Myth*. By Jane Kallir. Clarkson N. Potter, New York.

1985 *The Grandma Moses American Songbook* edited by Dan Fox. Henry N. Abrams.

1989 *Grandma Moses:Painter*. By Tom Biracree. Chelsea House Publishers, New York.

1991 *Grandma Moses*. By Margot Cleary. Crescent Books.

1996 *Grandma Moses: An American Original*. By William C. Ketchum. Smithmark Publishers, New York.

1997 *Grandma Moses: 25 Masterworks*. By Jane Kallir. Harry N. Abrams, New York.

2000 *The Year with Grandma Moses*. By W. Nikola-Lisa. Henry Holt and Company, New York.

2001 *The Essential Grandma Moses*. By Jane Kallir. Harry N. Abrams, NY.

2001 *Grandma Moses in the 21st Century*. By Jane Kallir. Art Services International, Virginia.

2006 *Designs on the Heart: The Homemade Art of Grandma Moses*. By Karal Ann Marling. Harvard University Press, Cambridge MA.

图书在版编目(CIP)数据

人生永远没有太晚的开始 /(美)摩西奶奶著;老姜,张美秀编译. -- 海口:南海出版公司,2019.5
ISBN 978-7-5442-9449-2

Ⅰ.①人… Ⅱ.①摩… ②老… ③张… Ⅲ.①人生哲学—通俗读物 Ⅳ.① B821-49

中国版本图书馆CIP数据核字(2018)第221095号

人生永远没有太晚的开始
〔美〕摩西奶奶 著
老姜 张美秀 编译

出　　版	南海出版公司 (0898)66568511
	海口市海秀中路51号星华大厦五楼　邮编570206
发　　行	新经典发行有限公司
	电话(010)68423599　邮箱 editor@readinglife.com
经　　销	新华书店
责任编辑	李玉珍
策　　划	好读文化
装帧设计	几何设计
内文制作	小　虫
印　　刷	北京中科印刷有限公司
开　　本	850毫米×1168毫米 1/32
印　　张	5.5
字　　数	50千
版　　次	2019年5月第1版
印　　次	2024年3月第14次印刷
书　　号	ISBN 978-7-5442-9449-2
定　　价	49.80元

版权所有,未经书面许可,不得转载、复制、翻印,违者必究。